JN016106

口絵 1 $BaFe_2As_2$（付録 A.1〔1〕）

口絵 2 $CdCr_2Se_4$（付録 A.1〔2〕）

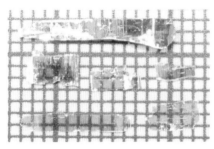

口絵 3 $CuGeO_3$（付録 A.1〔3〕）

口絵 4 $Dy_2Ti_2O_7$（付録 A.1〔4〕）

口絵 5 $KNiF_3$（付録 A.1〔5〕）

口絵 6 $KTiOPO_4$（付録 A.1〔6〕）

口絵 7 $La_{0.7}Pb_{0.3}MnO_3$（付録 A.1〔7〕）

口絵 8 $MgSiO_3$（付録 A.1〔8〕）

口絵 9　$PbZn_{1/3}Nb_{2/3}O_3$（付録 A.1〔9〕）

口絵10　SmB_6（付録 A.1〔10〕）

口絵11　$TbMn_2O_5$（付録 A.1〔11〕）

口絵12　VO_2（付録 A.1〔12〕）

この白金るつぼの容積は 15 mL

口絵13　成長したルビーの結晶（図 2.2）

フラックス結晶育成法入門

橘　　信 著

コロナ社

ま え が き

　本書は，フラックス法による結晶育成の一般原理と実用知識を解説した入門書である。これから自分で結晶をつくって物性科学の研究を進めようとする学生や，そのような研究に興味をもっている人たちを念頭に置いて本書を執筆した。

　新しい種類の磁性や電気伝導性，あるいは特異な相転移現象といった物質の性質を調べる物性研究では，主として結晶試料が使われる。ここで良質の試料を使うことは優れた研究を進めるうえでの必要条件であり，独創的な研究はオリジナルな結晶を用いて行われることが非常に多い。

　一方，固体物理学や固体化学の教科書には結晶育成に関する記述がほとんどなく，多くの学生は結晶育成を学ぶ機会がないまま研究を始めることになる。そのため，研究室にある実験設備を活用してオリジナルな結晶をつくるのが難しくなり，独創的な研究へと発展させる可能性も低くなってしまう。

　そこで本書では，物性研究で広く利用されているフラックス結晶育成法に焦点を絞り，その基礎概念から実験手順までを体系的に説明する。細かな理論や特殊な技術の問題には立ち入らないようにして，読者が本書の全体を容易に読み通し，フラックス法の全体像をつかめるように努めた。

　なぜフラックス法が物性研究で広く利用されているかには，二つの大きな理由がある。

1)　フラックス法では，目的の物質を 700 〜 1 300℃程度の温度でフラックス（融剤）に溶かし込み，1 週間ほどの徐冷によって結晶を成長させる。適切なフラックスの選択により，遷移金属酸化物や金属間化合物など，物性研究のおもな対象になる多くの無機結晶をつくることができる。

2)　フラックス法は特殊な装置を必要とせず，普通の実験室にあるような汎用の電気炉とるつぼ（耐熱性の容器）を使って実験を始められる。また，実験には高度な熟練技能を必要とせず，初心者でも多くの物性測定に必要な数 mm 角程度の良質結晶をつくることができる。

つまり，フラックス法は物性研究者にとって適用範囲が広いだけでなく，労力や経費の点で負担の少ない結晶育成法と位置付けられる。本書を読まれて，「それでは自分も結晶をつくってみよう」という気分になったなら，それは著者にとって大きな喜びである。

なお，本書は著者が以前に出した『Beginner's Guide to Flux Crystal Growth』（NIMS Monographs, Springer, 2017）をもとにして，日本の読者向けに書き直したものである。図の転載を許可していただいた国立研究開発法人物質・材料研究機構と Springer 社，そして本書の出版にあたってご協力をいただいたコロナ社の方々に厚い感謝の意を表したい。

2020 年 5 月

橘　　信

目　　次

1章　物性研究と単結晶

2章　フラックス法の特徴

5章　相 図 の 利 用

8章　フラックス結晶育成の基本的な実験手順

1章

物性研究と単結晶

物性科学とは，物質の示すさまざまな現象を開拓・解明していく学問である。その研究では物質の電気的，磁気的，熱的，光学的性質などがくわしく調べられ，これらの実験は極低温・強磁場・超高圧といった極限環境下で行われることも多い。ここで高度な測定技術にもまして重要なのは，良質な測定試料を手に入れることである。そこで本章では，物性研究における結晶試料や結晶育成の特徴についてまず検討してみよう。

1.1 なぜ単結晶か

物質が示す性質には，数多くの種類がある。金属もあれば，半導体や絶縁体もある。特定の温度で，金属から絶縁体へと劇的に変化する物質も少なくない。ほかによく知られたものとして，磁性体や超伝導体，強誘電体などもある。

例えば磁性体をとっても，それには強磁性や反強磁性，局在系や遍歴系，量子スピン系，フラストレート系など，多彩な種類や区分がある。また，超伝導＋強磁性，強誘電性＋強磁性といった，型破りの組み合わせが共存する物質も，近年では見つかっている。

新しい物性現象を発見し，その性質を物質の原子配列や量子力学といったミクロな立場から探求する——これを物性研究という。多くの物質は**結晶**（crystal），つまり原子や分子が規則正しく周期配列した固体として存在する。したがって物性研究では，主として結晶の試料を扱うことになる。

1.1.1　単結晶と多結晶の違い

ここで「結晶」という言葉が出てきたが，これにはややあいまいな点がある。というのは，結晶は状況や文脈によって，**単結晶**（single crystal）を意味することもあれば，**多結晶**（polycrystals）を含めることもあるからである。単結晶とは，1個の結晶内のどの部分をとっても，原子配列の向きが同じものである。一方，小さな単結晶の集合体を多結晶（体）という。本書は単結晶のみを扱うので，以下，ただ結晶といった場合は，それは単結晶を意味することにしよう。

それでは，物性研究において，単結晶と多結晶はどう違うのか。まずは具体例を提示しておこう。

図 1.1 に，$SrBi_2Ta_2O_9$（SBTO と略す）と $Bi_2Sr_2CaCuO_{8+x}$（BSCCO と略す）の単結晶および多結晶体を示した。図（a），（c）の SBTO は強誘電体であり，強誘電体メモリーの材料として利用されている。図（b），（d）の BSCCO は室温で金属であり，約 85 K 以下で電気抵抗率がゼロの超伝導体になる。

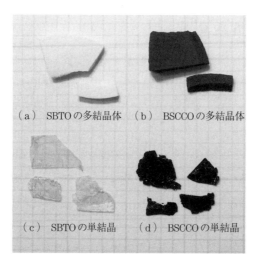

（a）　SBTO の多結晶体　　（b）　BSCCO の多結晶体

（c）　SBTO の単結晶　　（d）　BSCCO の単結晶

図 1.1　SBTO と BSCCO の単結晶および多結晶体（目盛り：1 mm）

　これらの化合物について，本書の主題であるフラックス法でつくった単結晶
が図（c），（d）である。SBTO は透明であり，これは絶縁体である SBTO に
おいて，光の大部分が単結晶を透過することによる。一方，金属の BSCCO で
は伝導電子による光の反射や吸収が起こり，単結晶は不透明になる。

　どちらの単結晶も，写真のものは平らで薄く，平面に沿って容易にへき開で
きる。これらの性質は，結晶中の原子配列が2次元的な層状構造をもつことに
由来する（平らな面が層状面に対応）。平らな面に平行の向きと垂直の向きと
ではいろいろな性質が異なり，例えば，BSCCO は平面方向でのみ金属伝導を
示し，垂直方向では半導体的なふるまいを示す。つまり，BSCCO は異方性の
強い電気抵抗率をもつ。

　他方，図（a），（b）は，SBTO と BSCCO の多結晶体である。これらは粉
末原料を固相反応や焼結させてつくったものであり，数 ～ 数十 μm（ミクロ
ン）程度の結晶粒が，たがいにほぼ任意の方向でくっ付き合っている。結晶粒
の間の境界は，**結晶粒界**（grain boundary）と呼ばれ，ここには気孔やひずみ，
不純物などが蓄積しやすい。そのため，光はここで散乱され，SBTO の多結晶
体は不透明になる。また，結晶粒界は伝導電子にも影響を与え，BSCCO の多
結晶体は，単結晶とは異なった電気抵抗率を示す。もちろん，多結晶体には単
結晶のような異方性はない。

1.1.2　物性研究と結晶育成

　このように，多くの物性は単結晶において，より本質的に現れる。したがっ
て，物性測定には，多結晶よりも単結晶を使うのが好ましい。しかし，まだ単
結晶が得られていない化合物は数多くある。単結晶が得られても，質が悪いか
小さすぎて，使いものにならないことも多い。これらの場合は多結晶を調べ，
そこから物性のできるだけ本質的なふるまいを議論することになる。

　多くの化合物は，最初に多結晶として発見される。そこで粉末 X 線回折な
どから**結晶構造**（crystal structure：原子の空間配列）が明らかにされ，電気
伝導性や磁性などの基本的なふるまいが調べられる。もし，物性研究の視点か

ら実験結果がおもしろければ，詳細な物性測定を行うために結晶の育成が試み
られる[†]。

　どれくらいの努力で結晶が得られるかは，化合物の性質（融解温度や融体の
化学反応性など）によっても大きく左右される。しかし，いろいろな試みに
よって，結晶育成上の問題を克服し，やがては良質な結晶が得られることは少
なくない。ここで良質な結晶とは，不純物や欠陥が少ない結晶のことであり，
そのために物性がすっきりと現れる結晶のことである。良質な結晶から種々の
精密測定が可能になり，それらを通して物性の本質に迫ることになる。

　こうやって育成された良質結晶は，やがて国内外に知れわたり，その結晶を
使った共同研究が望まれるようになる。こうして，結晶は多くの研究者に供与
され，各専門の先端的な測定が行われる。その結果，物性現象は多角的に調べ
られ，物理としての本質的な理解が深められていく。

　また，さらに一段と良質な結晶を使うことや，新しい着想や測定技術による
実験を行うことで，まったく予測されていなかった新現象が発見されることも
多い。同じ理由で，昔から知られていた化合物も再び脚光を浴びるようにな
る。新しい発見は新しい問題意識を生み，新しい研究領域を形成する。

　このようにして，物性研究は良質な結晶試料を中心に発展する。よって，結
晶育成は非常に重要な役割をもっているといえよう。

1.2　物性研究で必要になる結晶の大きさ

　つぎに，物性研究に必要な結晶の大きさを考えてみよう。どれだけ良質で
も，小さすぎる結晶は測定に使えないので，結晶の寸法は重要な問題である。
　そこで話を具体的にするため，市販の測定装置を一つ例にとってみよう。**図
1.2**（a）は，Quantum Design 社の Physical Property Measurement System（PPMS）
である。この測定システムでは，電気抵抗率，磁化率，比熱，熱伝導率，ホー

[†]　実験結果は学会発表や論文として報告されるので，それをおもしろいと思って結晶育
　成を試みるのは別人でもよいことになる。

（a）　装置本体　　　　　　　（b）　試料ホルダー

図 1.2　Physical Property Measurement System（PPMS）

ル係数，ゼーベック係数などの基本的な物性測定が容易に行え，近年では多く
の大学や研究所に導入されている。

　図（a）の左側には試料を入れるクライオスタット（冷却装置）があり，こ
の中に液体ヘリウムを充填することで 1.8 ～ 400 K の測定が可能になる。ま
た，クライオスタットの中には超伝導マグネットが設置されており，外部磁場
を－7 T（テスラ）から 7 T まで変えることができる（オプションの追加によ
り，温度は 0.05 K まで，磁場は 16 T まで拡張できる）。

　図（a）の右側は測定用の制御機器とコンピューターであり，測定は設定し
たプログラムに沿って全自動で進められる。実験の種類や内容にもよるが，通
常は数時間から数日かけて一通りの測定が行われる。

　図（b）には，PPMS で使う 2 種類の試料ホルダーを示した。これらは直径
が 2.4 cm あり，専用の棒を使ってクライオスタットの内部に接続する。図の
左側の試料ホルダーは電気抵抗率の測定に使い，4 本の細いリード線が銀ペー
ストによって結晶試料に端子付けされている。測定では外側の二つのリード線
によって試料に電流を流し，内側の二つの端子間の電圧変化から電気抵抗率が
求まる。

　一方，右側の試料ホルダーは比熱の測定に使い，結晶は試料台の上にグリースで固定されている。この比熱測定では，試料に熱パルスを加え，それを切った後の温度降下から比熱の値が計算される。PPMS を使ったほかの種類の測定では，それぞれ別の試料ホルダーが使われる。

　ここで，測定試料の大きさについて数字を挙げると，PPMS の比熱測定では質量が 10 〜 50 mg 程度の試料を使う。例えば，一辺が 1.5 mm の銅結晶の立方体は 30 mg あり，これは測定に適した寸法といえる。もし試料が小さく，例えば 1 mg を切るようになると，試料の比熱が小さすぎて正確に測れなくなってしまう。

　これに対して，電気抵抗率の測定には質量による制限はない。しかし寸法の小さな試料に 4 本のリード線を取り付けるのは難しく，多くの場合，1 mm 以下では非常に困難になるであろう。

　ここでは比熱と電気抵抗率を例にとったが，別の測定でも数 mm 角程度の試料を必要とすることが多い。これは PPMS に限らず，核磁気共鳴や光学測定など，ほかのいろいろな種類の物性測定にも当てはまる。そこで本書では，少なくとも一つの方向が 1 mm 以上あり，3 次元に十分成長した**バルク**（bulk）状の結晶を中心に取り上げる。

　なお，ここで一言加えると，測定の種類によっては，基板上に成長させた**薄膜**（thin film）の結晶を使うことも可能である。しかし，バルクと薄膜では研究の目的や興味がやや異なるので，本書は薄膜については考えない。

1.3　物性研究のおもな対象になる化合物の例

　ここまでの話で，物性研究における結晶の重要性と，そこで必要となる結晶の大きさが明らかになった。それでは，どういった物質の結晶が物性研究としておもしろいのだろうか。

　多様性に満ちた物性研究において，この質問に簡単で偏りのない回答を与えるのは難しい。しかし，ここでは読者に具体的なイメージをもっていただくた

めに，特に本書の対象となるいくつかの例を挙げてみたい。以下に示すのは，近年に世界中で流行した八つの研究分野と，その分野の代表的な化合物——実際は多数の関連化合物が調べられている——の名前である。なお，ここで近年というのは，銅酸化物の高温超伝導が発見された 1986 年以降のことである。

1. 銅酸化物の高温超伝導（$La_{2-x}Sr_xCuO_4$，$YBa_2Cu_3O_7$）
2. マンガン酸化物の巨大磁気抵抗効果（$La_{1-x}Sr_xMnO_3$）
3. 重い電子系の超伝導（$CeCoIn_5$，URu_2Si_2）
4. 低次元系やフラストレート系磁性体（$CuGeO_3$，$Dy_2Ti_2O_7$）
5. リラクサー強誘電体の巨大圧電効果（$PbMg_{1/3}Nb_{2/3}O_3$）
6. マルチフェロイクス（$TbMnO_3$，$BiFeO_3$）
7. 鉄系化合物の高温超伝導（$BaFe_2As_2$，$FeSe$）
8. トポロジカル絶縁体（Bi_2Se_3，SmB_6）

それぞれの分野については，例えば，雑誌『固体物理』（アグネ技術センター），『パリティ』（丸善出版），『日本物理学会誌』などの解説記事を参照されたい。それよりもここで重要なのは，これらの化合物は 3 種類程度の元素から構成されており，**遷移金属酸化物**（transition metal oxide）や**金属間化合物**（intermetallic compound：2 種類以上の金属や半金属・半導体元素によって構成される化合物）が多いことである。参考のために周期表を**図 1.3** に示した。また，$La_{1-x}Sr_xMnO_3$，$PbMg_{1/3}Nb_{2/3}O_3$，$TbMnO_3$，$BiFeO_3$ は，一般組成式が ABO_3 のペロブスカイト型酸化物である。その基本的な結晶構造を**図 1.4** に示した[†]。

ここで，$La_{1-x}Sr_xMnO_3$ に着目すると，これは La^{3+} と Sr^{2+} のイオンが結晶の A サイトで混ざり合った**固溶体**（solid solution）である。これらのイオンは閉殻の電子配置をもち，直接には電子物性に関与しない。また，酸素イオンは O^{2-} である。そのため，組成式における x を増加させると，電気的な中性を保つために，Mn の平均原子価は 3+ から 4+ へと変わっていく。

[†]　実際は，酸素八面体が少しひずんでいたり傾いていたりする構造をもつ場合が多い。

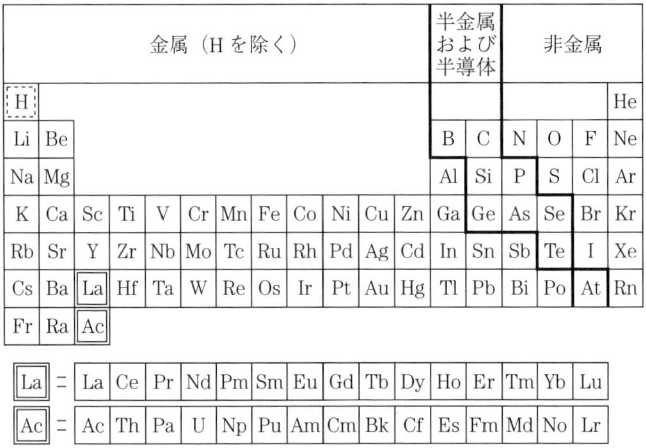

金属（H を除く）												半金属および半導体		非金属			
H																	He
Li	Be											B	C	N	O	F	Ne
Na	Mg											Al	Si	P	S	Cl	Ar
K	Ca	Sc	Ti	V	Cr	Mn	Fe	Co	Ni	Cu	Zn	Ga	Ge	As	Se	Br	Kr
Rb	Sr	Y	Zr	Nb	Mo	Tc	Ru	Rh	Pd	Ag	Cd	In	Sn	Sb	Te	I	Xe
Cs	Ba	La	Hf	Ta	W	Re	Os	Ir	Pt	Au	Hg	Tl	Pb	Bi	Po	At	Rn
Fr	Ra	Ac															

La	=	La	Ce	Pr	Nd	Pm	Sm	Eu	Gd	Tb	Dy	Ho	Er	Tm	Yb	Lu
Ac	=	Ac	Th	Pa	U	Np	Pu	Am	Cm	Bk	Cf	Es	Fm	Md	No	Lr

図 1.3　元素の周期表

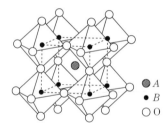

図 1.4　ペロブスカイト型酸化物 ABO_3 の理想的な結晶構造

○● A
● B
○ O

　そこで Sr^{2+}/La^{3+} の比や，これらのイオン種を変えると[†]，Mn イオンの価電子が演じる物性は大きく変化する。しかし，その変化には特定の系統性があり，巨大磁気抵抗効果やこれに関連した現象は，化学組成を基準にして体系的に理解することができる。このように，ある物性現象が一連の化合物群において多様に現れることはよくあり，これが物性研究を豊かにしている一つの理由である。

[†]　La^{3+} はほかの 3 価の希土類金属や Bi^{3+} で置換することができ，Sr^{2+} は Ca^{2+}，Ba^{2+}，Pb^{2+} と置き換えることができる。これらはイオン半径が異なるので，結晶構造のひずみ具合を変えることで電子物性に影響を与える。

もう一つ大切な点を指摘すると，前述の化合物の多くは，近年大きく注目される前から知られていたものである。例えば，Bi_2Se_3 は 2009 年になってトポロジカル絶縁体として脚光を浴びたが，熱電変換材料としては 1950 年代から調べられていた。同様に，$BiFeO_3$，$PbMg_{1/3}Nb_{2/3}O_3$，$FeSe$ なども，1950 年代にはすでに知られていた。前述の例では $YBa_2Cu_3O_7$ が唯一，銅酸化物の高温超伝導の研究分野において，本当の新化合物として発見された。そのほかは，近年の物性研究によって「再発見」されたものといえる。

　つまり，物性研究では新しくておもしろい物性現象が探求されるのであって，それは新しい化合物で見つかることもあれば，古くから知られているもので見つかることもある。これを念頭に置くと，物性研究における結晶育成はつぎの 4 種類に分けることができる。

1. 文献に従って，既知の結晶育成を再現する実験
2. 文献を参考にしつつ，さらに良質・大型結晶を育成する実験
3. ある既知の化合物について，初めて結晶を育成する実験
4. 新しい化合物の発見を目的とする結晶育成の実験

　通常，1 から 4 の順で探索的な性格が強くなり，実験の見通しは悪くなる。1 の実験は，それ自体は新しい研究とはいえないであろう。しかし，物性研究ではどれも重要な役割を果たしており，本書ではフラックス法によるこれら 4 種類の実験を考慮する。

1.4　本 書 の 構 成

　本書はフラックス結晶育成法の手引きであり，これから自分で結晶をつくって物性研究を進めようとする人たちをおもな対象としている。このような読者は固体物理学や固体化学の入門書に目を通していると思われるので，それらの本で扱われる結晶構造や固体物性についての記述は本書の範囲外とした。また，本書はフラックス法の基本的な考え方に説明の重点を置いたので，個々の

実験や理論の詳細は，原著論文や巻末に挙げた引用・参考文献を参照されたい。

　本書では，まずつぎの2章でフラックス法の特徴を明らかにする。3章で結晶の外形を考え，4章ではフラックス溶液から結晶が成長するメカニズムを検討する。つづく5章ではフラックス法で重要になる相図の利用法と作成法を述べ，6章では適切なフラックスを選択するための検討事項を取り上げる。7章では実験に使う電気炉，るつぼ，および原料試薬について言及する。そして最後の8章では，育成実験の手順を酸化物と金属間化合物の場合に分けて説明し，さらに得られた結晶の評価法を概観する。

2章

フラックス法の特徴

　数 mm 角程度の結晶試料を得るための有力な方法が，本書の主題となるフラックス法である。その序論として，本章の前半ではルビーの育成実験を例にとり，フラックス法の特徴を明らかにしておこう。また，後半ではほかの結晶育成法との比較から，フラックス法の長所を浮き彫りにしよう。

2.1　フラックス法の実験例

　まずは具体的な実験を出発点として，**フラックス法**（flux method）による結晶育成の特徴をとらえてみよう。以下の 2.1 ～ 2.3 節に登場する事項の多くは，後の章でくわしく説明することになる。ここでは，古くから知られている例として，ルビーの育成実験を取り上げる。

2.1.1　ルビーのフラックス育成

　ルビーは，無色の Al_2O_3 に微量の Cr^{3+} が含まれることで赤色になった結晶である。天然のルビーは宝石であり，人工のルビーは 1960 年に発見された最初のレーザーに使われた。宝石質のルビーは 1% 程度の Cr^{3+} を含み，化学組成は $Al_{2-x}Cr_xO_3$ $(x \sim 0.02)$ と示される。

　この育成実験では，フラックスとして PbO と B_2O_3 の混合物を使用する[1]†。フラックスは融剤あるいは**溶媒**（solvent）とも呼ばれ，高温で**溶質**（solute）

---

†　肩付き数字は，巻末の引用・参考文献番号を表す。

を溶解させて**溶液**（solution）をつくる。したがって，ここでは $Al_{2-x}Cr_xO_3$ が溶質になる。

　実験では，出発原料となる Al_2O_3，Cr_2O_3，PbO，B_2O_3 の粉末を重量比 12：0.3：90：10 でよく混ぜ合わせ，それをふた付きの白金製の**るつぼ**（crucible）に充填する。これを加熱するための電気炉としては縦型管状炉か箱型炉（**図2.1**）を使い，つぎのように温度プログラムを設定する。すなわち，まず数時間かけて 1 250℃まで上げる。そして，この温度で 10 時間ほど保持した後，2℃/h で 950℃まで徐冷する。

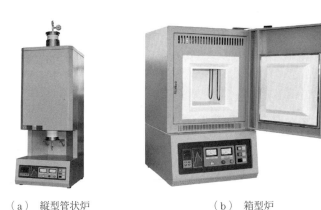

（a） 縦型管状炉　　　　　　　　（b） 箱型炉

図2.1　縦型管状炉と箱型炉（Kejia Furnace 社提供）

　ここで 1 250℃に保持する間に原料は完全に溶け，るつぼ内は均一な溶液になる。そこから温度を下げることで溶解度が下がり，過飽和（溶解度以上の溶質を含んでいる状態）になった溶液から結晶が成長する。

　温度が 950℃に達したら，炉の電源を切って放冷し，室温付近でるつぼを取り出す。この状態でフラックスは固結しているが，希硝酸に浸すことで溶かし出せる。こうやって得られたルビーについて，半分程度のフラックスを除去したものを**図2.2**に示す。

この白金るつぼの容積は 15 mL

図 2.2　成長したルビーの結晶（口絵 13 参照）

2.1.2　フラックスに要求される性質

2.1.1 項のルビーの育成実験では，以下の理由で PbO と B_2O_3 の混合物をフラックスに使用した。

このフラックスは

1.　融点が 500℃程度と低い
2.　高温でルビーに対する溶解度が大きく，溶解度は温度の降下によって大幅に減少する
3.　Al_2O_3 や Cr_2O_3 と反応して別の化合物をつくらない
4.　Pb^{2+} や B^{3+} がルビー結晶中の Al^{3+} や Cr^{3+} を置換しない
5.　育成温度で白金るつぼを侵さない
6.　希硝酸に溶けるため，成長した結晶を容易に取り出すことができる
7.　高純度の原料が安価で手に入る

一方，このフラックスの成分である PbO と B_2O_3 には，以下の問題点がある。

1.　B_2O_3 は粘度が大きい
2.　PbO は高温で蒸発しやすい
3.　PbO は多くの材質を腐食し，さらに毒性がある

溶液の粘度が大きいと原子の拡散速度は遅くなり，結晶成長に要する時間が増加する。そのため，成長は円滑に進まず，結晶中にいろいろな欠陥が発生しやすくなる。実際，2.1.1項の実験で得られたルビーの一部には，黄色のフラックスが内包していることが確認できる。したがって，良質な結晶を得るには，使用する B_2O_3 の量を低く抑える必要がある。

一方，B_2O_3 には PbO の蒸発を抑えるはたらきがあり，さらに B_2O_3 の添加によって，大型で形のよいルビーが成長することが知られている。つまり，PbO と B_2O_3 は単独ではフラックスとして欠点をもつが，適量を混合することでそれぞれの欠点が補われるのである。

なお，PbO は毒性があるため，実験中はマスクや手袋の着用が必要である。また，高温で蒸発した PbO は多くの材質を侵すので，電気炉は内部が交換・修理できるものを使用する。この点，縦型管状炉では炉心管が容易に交換できるので便利である。

2.1.3　徐冷法以外の方法

2.1.1項の実験では，1 250℃から温度を下げて過飽和にした溶液から結晶を成長させた。これは**徐冷法**（slow cooling method）と呼ばれ，フラックス法における最も典型的な方法である。

それに対して，一定温度でフラックスを蒸発させ，そうやって過飽和にした溶液から結晶を成長させる方法を**蒸発法**（evaporation method）という。例えば，ルビーでは PbF_2 や MoO_3 を蒸発させて結晶を得ることができる[2),3)]。蒸発法は特定のフラックスや溶質については有用になるが，この方法で良質な結晶を成長させるのは難しいことが多い。また，飛散したフラックスは電気炉を痛めやすい。

さらに別の方法として，**温度勾配法**（temperature gradient method）がある。この方法ではるつぼに適切な温度勾配を与え，低温部分に種子結晶を導入する。すると，種子結晶上で優先的に成長が起こり，一つの良質な大型結晶を得ることが可能になる。ただし，この方法では適切な育成条件を決めるのに相当

の実験が必要である。

　このように蒸発法と温度勾配法にはそれぞれの特徴があるが，物性研究で使用する数 mm 角程度の結晶を得るために利用される例は少ない。そこで本書では，通常の徐冷法の適用を前提にした解説に主眼を置くことになる。ただし，徐冷法でもフラックスの蒸発や温度勾配は重要な要因になり，これらの影響については後の章で考える。

2.2 フラックス法の特徴

　前節ではルビーのフラックス育成を考えたが，じつはフラックスを使わなくてもルビーをつくることができる。つまり，原料である $Al_{2-x}Cr_xO_3$ をそのまま高温で融解させ，それを適切な方法で冷却して固化させれば結晶になる。実際，工場ではこうやってルビーやサファイア（Al_2O_3）の大きな結晶が生産されている。

　しかし，ここで問題になるのは，ルビーの融点が 2050℃ と高いことである。この温度は普通の物性実験室にあるような電気炉では得られないことが多く，特殊な設備を必要とする。したがって，フラックスの重要な役割は結晶の成長温度を下げることであり，ルビーの場合では 2050℃ から 1250℃ 以下へと大幅に下がっている。

　ここで，1250℃ は汎用の電気炉で到達できる温度であり，さらに白金るつぼ（融点：1768℃）が使える温度になる。酸化物や金属間化合物には高融点のものが多く，それらの結晶を比較的低温で成長させられるのがフラックス法の大きな利点である（白金るつぼは酸化物を空気中で育成するときに広く使われる。金属間化合物ではアルミナやタンタルなどのるつぼを石英管に封入して育成することが多い）。

　また，高温で（1）分解溶融する化合物，（2）室温とは異なる結晶相を示す化合物，あるいは，（3）蒸気圧が高くなる化合物も，適切なフラックスの使用によって成長温度を下げれば，結晶を得るのが可能になる。ここで，分解

溶融とは化合物が別の組成の固体と液体に分解する現象であり，その場合は化合物と同じ組成の融液からそのまま結晶を成長させることは原則できない。物性研究の対象となる化合物には分解溶融するものが多く，$La_{2-x}Sr_xCuO_4$，$YBa_2Cu_3O_7$，$BiFeO_3$ はその例である。

　さらに，フラックス法では結晶面のよく発達した良質な結晶が得られやすい。これは結晶が温度勾配の小さい溶液中でほぼ自由に成長するためであり，転位などの構造欠陥が少ない結晶は物性測定用の試料として重要になる。

　一方，フラックス法では数 mm 角を大きく超えるような大型結晶の育成が難しく，フラックスやるつぼからの汚染が問題になる場合もある。さらに固溶体の種類によっては，結晶中の組成分布を一様にするのが難しいこともある。ただし，これらの問題はフラックスや育成条件の適切化によってかなり回避されることも多い。

2.3　フラックス法で得られる結晶の例

　表 2.1 には，1.3 節に登場した化合物のフラックス育成例を示した（フラックス法で結晶が得られていないものは，関連化合物を代わりに示した）。この表から明らかなように，酸化物の育成には主として酸化物系のフラックスが使われ，金属間化合物の育成には金属元素のフラックスがよく使われる。また，$La_{2-x}Sr_xCuO_4$ の CuO や $CeCoIn_5$ の In のように，結晶の構成成分の一部を過剰にしてフラックスとする場合もある。このときの CuO や In は**自己フラックス**（self-flux）と呼ばれる。自己フラックスを使うと不純物の混入が抑えられるので，結晶の純度が問題になるときに利用されることが多い。

2.4　ほかの結晶育成法

　フラックス法は物性研究において広く適用されうるのであるが，化合物によってはフラックス法で得られないものや，ほかの育成法でよりよい結晶が得

表 2.1 フラックス法の結晶育成例

結 晶	フラックス	徐冷開始温度〔℃〕	文 献
$La_{2-x}Sr_xCuO_4$	CuO	1 250	a)
$YBa_2Cu_3O_7$	BaO–CuO	1 015	b)
$La_{1-x}Pb_xMnO_3$	$PbO–PbF_2$	1 050	c)
$CeCoIn_5$	In	1 150	d)
URu_2Si_2	In	1 400	e)
$CuGeO_3$	CuO	1 220	f)
$Dy_2Ti_2O_7$	$PbO–PbF_2–MoO_3$	1 250	g)
$PbMg_{1/3}Nb_{2/3}O_3$	$PbO–B_2O_3$	1 090	h)
$TbMn_2O_5$	$PbO–PbF_2–B_2O_3$	1 280	i)
$BiFeO_3$	Bi_2O_3	1 000	j)
$BaFe_2As_2$	FeAs	1 180	k)
FeSe	NaCl–KCl	850	k)
Bi_2Se_3	Bi	700	l)
SmB_6	Al	1 300	m)

a) Y. Hidaka and M. Suzuki: Prog. Cryst. Growth Charact. Mater., **23**, p.179（1991）
b) R. Liang, D. A. Bonn and W. N. Hardy: Philos. Mag., **92**, p.2563（2012）
c) N. Ghosh, et al.: Phys. Rev. B, **70**, 184436（2004）
d) C. Petrovic, et al.: J. Phys.: Condens. Matter. **13**, p.L337（2001）
e) R. E. Baumbach, et al.: Philos. Mag., **94**, p.3663（2014）
f) M. D. Lumsden, et al.: Phys. Rev. Lett., **76**, p.4919（1996）
g) B. M. Wanklyn and A. Maqsood: J. Mater. Sci., **14**, p.1975（1979）
h) A. Kania, A. Słodczyk and Z. Ujma: J. Cryst. Growth, **289**, p.134（2006）
i) B. M. Wanklyn: J. Mater. Sci., **7**, p.813（1972）
j) R. Palai, et al.: Phys. Rev. B, **77**, 014110（2008）
k) D. P. Chen and C. T. Lin: Supercond. Sci. Technol., **27**, 103002（2014）
l) I. R. Fisher, M. C. Shapiro, and J. G. Analytis: Philos. Mag., **92**, p.2401（2012）
m) V. N. Gurin, et al.: J. Less-Common Met., **67**, p.115（1979）

られるものがある。例えば，1.3 節に登場した化合物では，（1）$YBa_2Cu_3O_7$ はフラックス法で最良の結晶が得られている[4]，（2）$La_{2-x}Sr_xCuO_4$ はフラックス法でも得られるが，別の方法で良質・大型の結晶が得られている[5]，（3）$La_{1-x}Sr_xMnO_3$ はフラックス法で結晶が得られていないが，関連化合物の $La_{1-x}Pb_xMnO_3$ は良質な結晶がフラックス法で得られる[6]，といった状況である。

そこで，以下では参考と比較のために，フラックス法以外の結晶育成法を簡単に説明しておこう。一般に育成法は，結晶がどの状態から成長するかによって，①融液法，②溶液法，③気相法，④固相法に大別される。この中で④の固相法はほかと大きく異なり，これは多結晶体を加熱して結晶粒子を粗大化させる方法である。固相法で物性研究用の単結晶をつくることはほとんどないので，本節では①〜③を考える。

2.4.1　融　液　法

もし，融点まで分解溶融，結晶相の変化，および高い蒸気圧の問題がない化合物であれば，その組成の**融液**（メルト，melt）を冷却すれば結晶化が進むことになる。ただし，メルトが入ったるつぼを単に冷却するだけでは，通常は多くの結晶核が発生し，多結晶の塊になってしまう。そこでメルトから単結晶を成長させるために，主として以下の方法が使われる。

〔1〕　**ブリッジマン法**（Bridgman method）　　この方法（**図2.3**（a））では，先端を鋭くしたるつぼの中で原料を融解させ，それを縦型管状炉の高温部分から低温部分に向けて引き下げる。すると，るつぼの底で一つか少数の結晶核が発生し，上方に向かって結晶が成長する。この方法では結晶がるつぼの内側いっぱいに成長するので，冷却時に強い熱ひずみを受けやすい。蒸気圧の高い化合物では密封したるつぼを使う。

〔2〕　**チョクラルスキー法**（Czochralski method）　　Cz法や引き上げ法とも呼ばれ（図2.3（b）），先端に種子結晶を取り付けた棒をるつぼ内のメルトに接触させ，回転させながら結晶を引き上げる。結晶はるつぼと接しないのでひずみの少ない結晶が得られ，また監視しながら成長を制御できるという利点がある。シリコンなど多くの結晶がこの方法で工業生産されている。抵抗加熱や高周波誘導加熱のほかに，3本か4本の電極を使ったアーク放電で試料を加熱する方法もある。

〔3〕　**フローティング・ゾーン法**（floating zone method）　　FZ法や浮遊帯溶融法とも呼ばれる（図2.3（c））。実験では多結晶の原料棒を両端で鉛直に

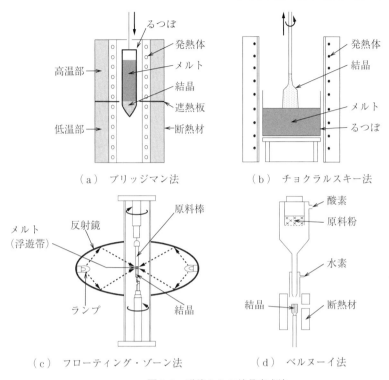

（a） ブリッジマン法　　　　　（b） チョクラルスキー法

（c） フローティング・ゾーン法　　（d） ベルヌーイ法

図 2.3 融液からの結晶育成法

保持し，その一部を赤外線の集光などで加熱して溶融帯をつくる。溶融帯は融液の表面張力によって保持されており，それを一端から他端に移動することで結晶を成長させる。この方法は容器を用いないのでるつぼ材からの汚染の心配がなく，また，組成分布がほぼ一様の固溶体が得られるという利点もある。

〔**4**〕　**ベルヌーイ法**（Verneuil method）　　この方法（図 2.3（d））は火炎溶融法とも呼ばれ，粉末原料を酸水素炎中に落下させ，溶融させた状態で種子結晶の上に降り積もらせて結晶を成長させる。結晶は大きな温度勾配下で急速に成長するので，熱ひずみや転位が入りやすい。実験室でこの方法を利用することは少ないが，ルビーやサファイア，TiO_2，$SrTiO_3$ など高融点酸化物の工業生産に使われている。

2.4.2　溶　　液　　法

フラックス法は溶液法の一つであるが，溶液法には，ほかに以下のものがある。

〔1〕　**水溶液法**（aqueous solution method）　　この方法は，水溶性の化合物に適用でき，ビーカーと恒温槽など簡単な装置で実験ができる。育成温度は室温から 60℃ 程度であり，水の代わりに有機溶媒を使った実験も同様に行われる。物性研究の興味を引く化合物がこの方法で育成されることはあまり多くないが，近年ではいくつかの量子磁性体が水溶液法で得られている [7]。

〔2〕　**水熱法**（hydrothermal method）　　この方法では，水を数百℃，1 000 気圧程度の高温・高圧にすることで原料を溶かし，そこから結晶を成長させる。実験には金属製の耐圧容器（オートクレーブ）を使い，通常は溶解度を上げるために NaOH や Na_2CO_3 などの**鉱化剤**（mineralizer）が加えられる。発振子材料として利用される水晶（quartz：SiO_2）がこの方法で生産されている。

〔3〕　**溶液引き上げ法**（solution pulling method）　　これは**トップシード法**（top-seeded solution growth method，TSSG 法）とも呼ばれ，種子結晶を使ってフラックス溶液から結晶を引き上げる方法である。装置はチョクラルスキー法と同様のものが使われる。この方法で育成された強誘電体や非線形光学結晶などが市販されている。

〔4〕　**溶媒移動浮遊帯域法**（traveling solvent floating zone method，TSFZ 法）　　この方法は，前述のフローティング・ゾーン法と同じ装置を使用するが，結晶成分を溶かし込んだ溶液を溶融帯として移動させるという特徴がある。このとき，溶媒は自己フラックスを使うことが多い。この方法では分解溶融する化合物の結晶が育成でき，$La_{2-x}Sr_xCuO_4$ やいろいろな遷移金属酸化物の良質な結晶がこの方法で得られている。

〔5〕　**高圧法**（high-pressure method）　　この方法では，高圧プレスによって 1 万気圧以上，1 000℃ 以上の超高圧・高温状態を小さな空間（数 mm^3 程度）につくり出し，常圧では得られない結晶を溶液から成長させる。ダイヤモンドの育成が有名な例であるが，近年では物性研究を目的とした新しい化合物

の育成も高圧下で行われている[8]。

2.4.3 気 相 法

温度を上げると固体が液体を経ずにそのまま気化する現象を昇華という。結晶の構成元素が比較的低温で昇華する場合は，原料を石英管などに封入し，電気炉中で適切な温度勾配を与えれば低温側に結晶が成長する。この方法を**昇華法**（sublimation method）と呼ぶ。

蒸気圧が十分に高くなる前に分解してしまう化合物では，結晶の原料を適切な**輸送剤**（transport agent）と一緒に封入して加熱する。すると化学反応によって揮発性の中間体が生成し，中間体は石英管内の特定の場所で分解して目的の結晶が成長する（**図 2.4**）。これを**化学気相輸送法**（chemical vapor transport method）という。この方法は特にプニクトゲン（P，As，Sb）やカルコゲン（S，Se，Te）を含む蒸気圧の高い化合物に有効であり，輸送剤は Cl_2，Br_2，I_2 といったハロゲンやハロゲン化物を用いることが多い。通常，結晶の成長は 1 000℃以下で行われ，高温部分と低温部分では 50℃程度の温度差がつけられる。

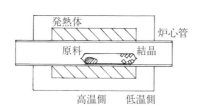

図 2.4 化学気相輸送法

原料を石英管などに封入する方法は閉管法と呼ばれ，実験室で簡便に結晶試料を得る方法としておもに利用されている。一方，開いた管に気体を流しながら輸送反応を行う方法は開管法と呼ばれ，薄膜の結晶をつくる方法として工業的に広く用いられている。

2.5　結晶育成法の比較

　いろいろな育成法が適用できる化合物では，結晶の使用目的に適した方法を選ぶことが可能になる。一般に 1 cm^3 を超す大型結晶は，融液法に属する各方法（あるいは TSSG 法や TSFZ 法）で育成される。融液法は，結晶の成長速度も 1 時間当り数 mm ～ 数 cm と大きい（溶液法では 1 日当り 1 mm 程度，気相法ではさらにそれ以下）。したがって，融液法は結晶を工業生産するのに適しており，その場合は，結晶の寸法・形状・品質が一定になる育成条件を樹立するのが大きな課題となる。

　一方，どの育成法で最も良質の結晶が得られるかは，化合物によって大きく異なる。この問題は，実際に使用する装置の性能や，育成する人の経験・腕前に関わってくる部分も大きい。これらの要素はチョクラルスキー法など監視しながら育成する方法で特に重要になる。

　また，なにをもって結晶の善し悪しを判断するかも十分に見極める必要がある。結晶の純度という点では，るつぼを使用しないフローティング・ゾーン法やベルヌーイ法が不純物の少ない結晶を得るのに適している。しかし，これらの方法は急峻な温度勾配下で結晶を成長させるため，熱ひずみや亜粒界など物理的な欠陥が発生しやすい。したがって，結晶の使用において，どの種類の不完全性が一番大きな問題になるかを検討する必要がある。

　もっとも，実際に自分で結晶をつくるとなると，結局は利用できる装置によって育成法が制限されてしまう。その点，フラックス法，水溶液法，および気相法は，高価で特殊な装置を必要としない特長がある。また，これらは育成技術の習得にあまり時間がかからず，手軽に試料を得られる方法となる。

　なかでもフラックス法は物性研究において最も適用範囲が広く，得られる結晶の大きさや質についても申し分のないことが多い。1 回の実験に必要な経費や労力が比較的小さいのも，この方法の大きな魅力となる。よってフラックス法は，これから物性研究を始めようとする人におおいにすすめられる結晶育成法といえる。

3章

結 晶 の 形 態

　フラックス法では，平面で囲まれた規則正しい多面体の結晶が得られやすい。そのような美しい形の結晶は，つくった人に大きな満足を与えるだけでなく，結晶内の方向を決めるのに便利である。また，結晶の形は，その結晶が測定試料として利用できるかどうかを左右する。そこで本章では，物性測定においても重要な問題となる結晶の形態について，注意をはらって見てみよう。

3.1　結晶の成長と形態

　1章で述べたように，結晶は原子が3次元的に規則正しく周期配列した固体である。この結晶内部の規則性は，結晶構造に一定の**対称性**（symmetry）を与えるだけでなく，平らな面で囲まれた結晶の幾何学的な外形を説明する。しかし，同じ物質や結晶構造であっても，結晶の外形が同じになるとは限らない。成長条件の違いによって**結晶面**（crystal face）の発達状態は大きく異なり，完全な正多面体へと成長することもあれば，平らな面をまったくもたない塊もできるであろう。したがって，結晶の**形態**（morphology）は，4章で述べる結晶の成長過程の問題とも密接に関わっている。本章では結晶の形態について基本的な考えを解説するので，その詳細は鉱物学の本 [1]~[3] などを参照していただきたい。

3.2 結晶面と結晶の対称性

3.2.1 結晶軸の決め方

結晶は 3 次元の物体なので（**図 3.1**），その形や面，および結晶内の方向などを説明するために，**結晶軸**（crystallographic axis）が使われる。**図 3.2** に示すように，結晶軸は一般に a，b，c で表される 3 本の座標軸であって，これらは中心 O で交わっている。通常，軸 a は前後方向で前が正，軸 b は左右方向で右が正，そして軸 c は上下方向で上が正となるように描かれる。

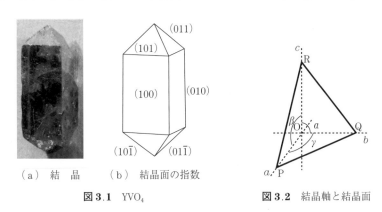

（a） 結 晶 　 （b） 結晶面の指数

図 3.1　YVO₄

図 3.2　結晶軸と結晶面

　例えば，図 3.1 に示した YVO₄ の結晶では，上下方向に対して平行な四つの結晶面が現れており，これらの結晶面が接してできる**稜**（edge）も上下方向に伸びている。そこで，これら一群の結晶面は一つの**晶帯**（zone）に属するといい，その方向を**晶帯軸**（zone axis）と呼ぶ。多くの場合，このように主要な晶帯軸を 1 本の結晶軸と一致させ，YVO₄ のこの場合の晶帯軸は軸 c になる。

　つぎに，結晶軸の長さの比率と結晶軸間の角（**軸角**：axial angle）を決める必要がある。20 世紀の初頭までは，結晶中の原子の配列構造が調べられず，結晶軸は現れている結晶面が容易に記述できるように選ばれていた。しかし，この方法では必ずしも一義的に結晶軸が決まらない。現在では X 線の回折実験で結晶構造の**単位格子**（unit cell）が求まるので，単位格子の辺の長さと方

向から結晶軸の長さの単位 a, b, c と軸角 α, β, γ を決めることができる。ここで，α は軸 b と軸 c の間の角，β は軸 c と軸 a の間の角，γ は軸 a と軸 b の間の角である。

結晶軸や単位格子の取り方には，**表3.1** に示した7種類がある。これらは七つの**晶系**（crystal system）と呼ばれる。

表3.1 七つの晶系

晶 系	結晶軸（単位格子）の特徴
立方晶系	$a = b = c$, $\alpha = \beta = \gamma = 90°$
正方晶系	$a = b \neq c$, $\alpha = \beta = \gamma = 90°$
斜方晶系	$a \neq b \neq c$, $\alpha = \beta = \gamma = 90°$
菱面体晶系	$a = b = c$, $\alpha = \beta = \gamma \neq 90°$
六方晶系	$a = b \neq c$, $\alpha = \beta = 90°$, $\gamma = 120°$
単斜晶系	$a \neq b \neq c$, $\alpha = \gamma = 90° \neq \beta$
三斜晶系	$a \neq b \neq c$, $\alpha \neq \beta \neq \gamma$

3.2.2 結晶面の決め方

結晶軸が決まると，これを基準にして任意の結晶面を記述できる。ここで，ある結晶面が三つの結晶軸 a, b, c と交差する点をそれぞれ P，Q，R として（図3.2），OP：OQ：OR $= (a/h) : (b/k) : (c/l)$ とする。そうすると，h, k, l はつねに有理数となり，よく出現する結晶面では小さな整数になることが知られている（**有理指数の法則**：law of rational indices）。つまり，結晶面の傾斜角は比較的単純な整数に関係している。そこで h, k, l を結晶面の**ミラー指数**（Miller indices：単数は index）と呼び，任意の結晶面を (hkl) と表す[†]。

結晶面が結晶軸を負の方向で切るときは，その軸に対応する指数の上に横線

[†] 六方晶系および菱面体晶系では，四つの結晶軸 a_1, a_2, a_3, c を使うことが多い。この場合，同じ長さをもつ a_1, a_2, a_3 は一つの平面内でたがいに120°で交わり，この平面は軸 c と直交する。結晶面の指数はこの順序に並べて $(hikl)$ と書き，ここで $h + i + k = 0$ の関係がある。

を付けて負号の意味にする。また，ある結晶面が一つの結晶軸と平行である場合，それに対する指数は0になる。結晶面は傾きだけが意味をもつので，ミラー指数は必ず最大公約数で割った数字になる。つまり，（200）や（422）といったミラー指数の結晶面はなく，それぞれ（100），（211）と表す。

以上の手順から，図3.1のYVO$_4$における各結晶面について，図示した指数を与えることができる。なお，YVO$_4$は正方晶系に属し，鉱物のジルコン（ZrSiO$_4$）と同様の結晶構造をもっている。

3.2.3　ブラベー格子

どれだけ複雑な結晶構造でも，その中に繰り返しの配列模様を見出すことができる。いま，その配列模様を一つの格子点で表すと，単位格子の対称性には全部で14種類あることがわかる（**図3.3**）。それらを14種類の**ブラベー格子**（Bravais lattices）という。ブラベー格子には，平行六面体の頂点だけに格子点が存在するものが七つある。これらは7種類の晶系に対応し，単純格子と呼ばれる。そのほか，晶系によっては単位格子の頂点以外にも格子点を含むものが存在する。それらは複合格子と呼ばれ，体心格子，面心格子，および底心格子の3種類に分けられる。

3.2.4　点群と空間群

本章を読み進めるのに必要ではないが，結晶学の基本用語である**点群**（point group：晶族（crystal class）ともいう）と**空間群**（space group）についても簡単に触れておこう。すべての結晶構造は，その対称性から特定の点群と空間群に分類される。

点群は，ある点を中心とした回転，鏡映，反転，および回反（回転と反転の組み合わせ）の対称操作によって，形が元に戻るかで分類される（例えば，中心軸まわりに180°回転させると形が元と同じになる場合は，その方向に2回軸の対称要素をもつという）。結晶には合計で32種類の点群があり，例えば，YVO$_4$は4/mmmという正方晶系の点群に属している。

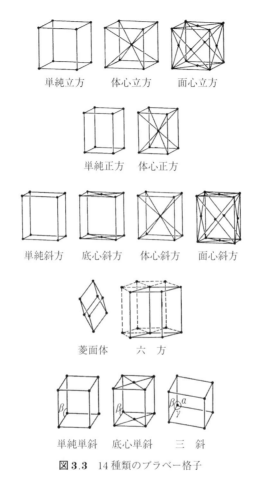

単純立方　体心立方　面心立方

単純正方　体心正方

単純斜方　底心斜方　体心斜方　面心斜方

菱面体　六　方

単純単斜　底心単斜　三　斜

図 3.3 14 種類のブラベー格子

　空間群では，点群の対称要素に格子の並進性を組み合わせる。このとき新た
な対称要素として，らせん軸（一つの軸まわりに回転させ，この軸と平行に並
進させる対称操作の軸）と映進面（一つの平面で鏡映させ，この面と平行に並
進させる対称操作の平面）が加わる。空間群には全部で 230 種類あり，例え
ば，YVO_4 は $I4_1/amd$ の空間群に属している。点群や空間群の考え方について
は，結晶構造解析の本にくわしく書かれている。

結晶形とブラベーの法則

3.3.1　結晶形の定義

前節で述べたように，すべての結晶構造はその対称性によって，7 種類の晶系，14 種類のブラベー格子，32 種類の点群，および 230 種類の空間群に分類できる。結晶面を分類するうえでも対称性の考えは重要であり，この目的には**結晶形**（crystal form）が使われる。結晶形とは，「結晶に特有の対称によって同時に存在する面の集まり」，あるいは「特有の対称に支配され互いに等値である結晶面の集合」と定義される[1]。どのように言い換えても定義だけでは抽象的なので，以下では結晶形の具体例をいくつか見てみよう。

3.3.2　結　晶　形　の　例

図 3.4 の上段の写真には，結晶構造はどれも立方晶系に属するが，それぞれ異なった外形をもつ三つの結晶が示してある。図（a）の結晶はペロブスカイト型の結晶構造をもつ $La_{1-x}Pr_xAlO_3$，図（b）の結晶はスピネル型の $MgAl_2O_4$，そして図（c）の結晶はガーネット型の $Y_3Al_5O_{12}$ である。ペロブスカイト，スピネル，およびガーネットとは，本来は特定の化学組成と結晶構造をもった鉱物の名前である[†]。鉱物学以外の分野では，それらの鉱物と同じ結晶構造をもつ物質群の名称として使われている。なお，ペロブスカイト型では結晶が成長する高温では立方晶系で，温度を下げると相転移によって結晶構造がわずかにひずむ物質が多い。この場合，結晶の外形は立方晶系のものが保たれる。

　図（a）の $La_{1-x}Pr_xAlO_3$ の結晶は正六面体（立方体）であり，六つの等しい正方形の結晶面をもっている。これは，ある結晶面の集合についての説明であるが，前述の結晶形の定義に当てはまっている。したがって，正六面体は一

[†]　鉱物のペロブスカイトは $CaTiO_3$，スピネルは $MgAl_2O_4$ の化学組成をもつ。ガーネットはザクロ石とも呼ばれ，正確には複数の鉱物のグループ名である。

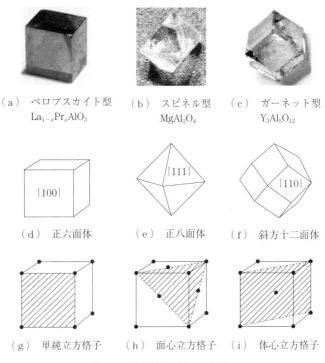

（a）　ペロブスカイト型　　（b）　スピネル型　　（c）　ガーネット型
　　　　$La_{1-x}Pr_xAlO_3$　　　　　　　$MgAl_2O_4$　　　　　　　$Y_3Al_5O_{12}$

（d）　正六面体　　　　（e）　正八面体　　　（f）　斜方十二面体

（g）　単純立方格子　　（h）　面心立方格子　　（i）　体心立方格子

図3.4　結晶形とブラベー格子

つの結晶形である。正六面体の手前の結晶面は（100）のミラー指数をもち，向かって右側と上側の結晶面はそれぞれ（010）と（001）で表される。これらの反対側の面は，それぞれ（$\bar{1}00$），（$0\bar{1}0$），および（$00\bar{1}$）である。これら六つの面は，正六面体の対称性によってたがいに等値である。そこで，結晶形ではこれらの面を一括りにして $\{100\}$ と表す（図（d））。

　つぎに，$MgAl_2O_4$ の結晶は正八面体であり，八つの等しい正三角形の結晶面をもっている（図（b））。この説明も結晶形の定義に当てはまり，正八面体も一つの結晶形である。正八面体のそれぞれの面は，三つの結晶軸を原点から同じ距離で切っている。したがって，八つの結晶面はそれぞれ（111），（$\bar{1}\bar{1}1$），（$1\bar{1}1$），（$\bar{1}1\bar{1}$），（$1\bar{1}\bar{1}$），（$\bar{1}11$），（$11\bar{1}$），（$\bar{1}\bar{1}1$）のミラー指数をもち，結晶形の指数は $\{111\}$ で表される（図（e））。

　最後に，$Y_3Al_5O_{12}$ の結晶は斜方十二面体の形をもち，12個の等しい菱形（等方平行四辺形）の結晶面をもっている（図（c））。つまり，斜方十二面体も一つの結晶形である。それぞれの結晶面は一つの結晶軸と平行で，残りの二つの結晶軸を原点から同じ距離で切っている。したがって，各結晶面のミラー指数は (110)，(101)，$(1\bar{1}0)$，…となり，結晶形の指数は $\{110\}$ で表される（図（f））。

　図（a）〜（c）には，特に形の整った三つの結晶が使われている。しかし，一般的な傾向としても，ペロブスカイト型の結晶は $\{100\}$ の結晶面をもち，スピネル型のものは $\{111\}$ の結晶面をもち，そしてガーネット型のものは $\{110\}$ の結晶面をもつことが多い。

3.3.3　ブラベーの法則とその拡張

　それでは，これらの結晶の外形はどういった理由で決まっているのだろうか。答えはブラベー格子にある。図3.4（g）〜（i）には，それぞれの結晶構造のブラベー格子が示してある。すなわち，ペロブスカイト型構造は単純立方格子をもち，スピネル型構造は面心立方格子をもち，そしてガーネット型構造は体心立方格子をもっている。ここでブラベー格子の定義を思い出すと，それは結晶中の繰り返しの配列を格子点で表したものである。一つの格子点に付属する原子の数は，ペロブスカイト型で5個（図1.4の結晶構造参照），スピネル型で16個，そしてガーネット型においては80個である。

　図3.4のブラベー格子には，格子点の密度が最も大きくなる面に斜線を引いてある。例えば，図（g）の単純立方格子では八つの頂点だけに格子点があり，格子点の密度は $\{100\}$ に平行な面で最大になる。同様に，図（h）の面心立方格子では $\{111\}$ に平行な面，図（i）の体心立方格子では $\{110\}$ に平行な面で格子点の密度が最大になる。そしてこれらの面は，それぞれのブラベー格子をもった結晶の結晶面に対応していることが図3.4からわかる。

　つまり，実際によく現れて大きく発達する結晶面は，格子点密度の大きい面に対応する。これは**ブラベーの法則**（law of Bravais）と呼ばれ，多くの結晶に

ついての観察結果を説明する。格子点をパチンコ玉で置き換えると，隙間だらけの面よりもぎっしりと詰まった面が安定になる。同じことは結晶面でも成り立つ。

ただし，ブラベーの法則は簡単でわかりやすいが，つねに成り立つとは限らない。例えば，ガーネットでは $\{110\}$ のほかに，$\{211\}$ の指数をもった結晶面がよく現れる（**図 3.5**）。$\{211\}$ は二十四面体[†]がもつ面であり，ブラベーの法則ではこの観察結果を説明できない。

（a） 結　晶　　　　（b）　二十四面体

図 3.5 $\{211\}$ の面をもつガーネット型 $Y_3Ga_5O_{12}$

この不一致の理由は，ブラベーの法則では一つの単位格子中の対称性だけを考えている点にある。そこで，J.D.H.Donnay と D.Harker は，結晶構造が並進周期性をもつために現れるらせん軸と映進面の対称要素を取り入れ，結晶構造の属する空間群から原子が最密になる結晶面を考えた[4]。これはブラベーの法則の一般化であり，ガーネットの $\{211\}$ 面をよく説明する。

このほかにも，いろいろなアプローチから結晶の規則的な外形が説明されてきた。例えば，水滴が球になるのは，それが一定の体積において最小の表面エネルギーをもった形だからである。結晶では方向によって単位面積当りの表面エネルギー密度が異なることを考慮し，表面エネルギーの総和が最小になる**平衡形**（equilibrium form）を計算する熱力学的な手法がある。一般に $\{100\}$ や $\{111\}$ などの低指数面は表面エネルギー密度の小さい面であり，高指数面と比べて大きな結晶面になりやすい。

---

† この形は四辺三八面体という結晶形の名称をもつ。

また，結晶中の強い結合鎖を考え，その方向から安定な結晶の形を議論する **PBC**（periodic bond chain：周期的結合鎖）**理論**といったものもある[5]。

3.4　結晶形における閉形と開形

ここまで，立方晶系について四つの結晶形を見てきた（図 3.4，図 3.5）。立方晶系には全部で 15 の結晶形があり，それらすべての共通点として，1 種類の結晶面が結晶空間を完全に囲んでいる。このような結晶形を**閉形**（closed form）という。立方晶系では，その高い対称性のため，閉形の結晶形しか存在しない。

立方晶系よりも低い対称性をもつ晶系の例として，正方晶系に属する YVO_4 の結晶図を**図 3.6**（a）に示す。この結晶図には 2 種類の結晶形が組み合わさっており，それらは $\{100\}$ の面をもつ正方柱面体（図（b））と $\{101\}$ の面をもつ正方複すい面体（図（c））である。正方柱面体は上側と下側が開いており，それだけでは空間を完全に閉じられない。このような結晶形を**開形**（open form）という。

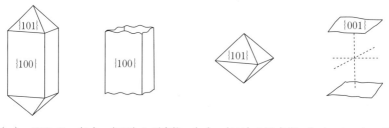

（a）　YVO_4 の
　　　結晶図
（b）　$\{100\}$ の正方柱
　　　面体
（c）　$\{101\}$ の正方複
　　　すい面体
（d）　$\{001\}$ の平行
　　　面体

図 3.6　閉形と開形の例

図（a）において，正方柱面体は正方複すい面体と組み合わさることで上面と下面を閉じている。正方複すい面体は閉形であるため，それだけでも空間を閉じることが可能である（図（c））。

　あるいは，正方柱面体の上下を閉じる別の方法として，図（d）に示した二つの平面と組み合わさることも可能である。この {001} の平面は平行面あるいは卓面と呼ばれ，これもそれ自体では空間を閉じないので開形である[†]。

　すべての晶系における閉形と開形を数え合わせると，全部で 47 の結晶形が存在する。正方晶系，斜方晶系，菱面体晶系，および六方晶系では，閉形と開形の結晶形が存在する。これに対して，さらに対称性の低い単斜晶系と三斜晶系では開形のみである。

3.5 結晶の多様な外形

　つぎに，立方晶系の正六面体，正八面体，および斜方十二面体を出発点にして，結晶の外形が多様になるありさまを見てみよう。

3.5.1 晶 相 と 晶 癖

　図 3.7（a）には，三つの結晶形がいろいろに組み合わさって生じる形が示されている。これらの形はそれぞれ異なった結晶面の組み合わせをもっており，こうして生じる形の変化を**晶相**の変化という。図（b）の $Pb_2Ru_2O_{6.5}$ 結晶には {100} の面と {111} の面が現れており，図（a）の左下の形と同じ晶相をもっていることがわかる。

　それに対して，同じ種類の結晶面で囲まれていながら，それらの発達程度の違いによって外形が変化することを，**晶癖**の変化という。例えば，**図 3.8**（a）に示した三つの形は，どれも {100} の面だけで囲まれている。これらの形の違いは結晶面の相対的な大きさにあり，2 対の結晶面が異常に発達すれば針状になり，1 対の結晶面が異常に発達すると板状になる。図（b）には，同様にして正八面体から板状結晶が生じる様子を示した。

　このように，晶相や晶癖の変化によって，実際に成長する結晶の形（**成長**

[†]　ただし，YVO_4 では {001} の面が現れることはまれである。

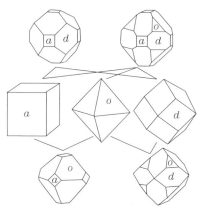

a, o, d は，それぞれ立方晶系における
｜100｜，｜111｜，｜110｜ を表す記号

（a） 正六面体，正八面体，斜方十二面体
　　　 をもとにした晶相の変化

（b） ｜100｜ と ｜111｜ の面をもつ
　　　 $Pb_2Ru_2O_{6.5}$ の結晶

図3.7　晶相の変化

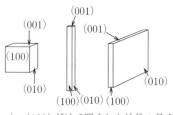

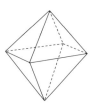

（a）　｜100｜ だけで囲まれた結晶の晶癖

（b）　正八面体と板状結晶の関係

図3.8　晶癖の変化

形：growth form） は多様になる。しかし，結晶の形や大きさに関わらず，相
対応する結晶面の間の角度（面角）は同じ物質で一定になる。これを**面角一定
の法則**（law of constancy of interfacial angles） という。なお，英語の文献では
晶相と晶癖を明確に区別せず，全体的な外形を crystal habit と呼んでいること
が多い。

3.5.2 結晶面の成長速度と大きさの関係

一般にフラックス法で得られる結晶の外形は，成長の温度，るつぼ内での位置，フラックスの種類，不純物の有無，および過飽和度など多くの条件によって影響される。ここで重要になる考えは，ある結晶面の垂線方向の成長速度（結晶面が厚さを増す速さ）と，その面積の関係である（**図 3.9**）。つまり，成長速度が大きい面はすぐに小さくなって消えてしまい，成長の遅い結晶面が安定な面として結晶の最終的な形を決定する。

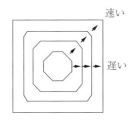

速い

遅い

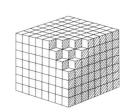

図 3.9 結晶面の成長速度と
大きさの関係

図 3.10 サイコロ状の成長単位が集
まって成長する結晶模型

この理屈は初めて聞くと矛盾しているように思えるかもしれないが，**図 3.10** のような結晶模型を考えると理解しやすい。ここで，サイコロ状の**成長単位** (growth unit) は結晶をとりまく環境中から結晶の表面へと吸い寄せられ，適当な場所で結晶に取り込まれると考える。その場合，平らな結晶面では成長単位が結晶と接する面は一つしかなく，成長単位は結晶と強く結合できずに表面上を移動する。一方，成長単位は表面上の凸凹した場所にたどり着くと，結晶と接する面が多いので結晶と安定な結合をつくる。したがって，凸凹した角の面は成長速度の大きい面であり，やがて角が完成すると，これらの面は消えてしまう。この結果，結晶は成長速度の小さい平坦な {100} の面によって囲まれた形をもつようになる。

結晶育成の実験では，成長環境中のいろいろな要因が影響を及ぼし合うため，どの結晶面がどれくらい発達するかを正確に予測するのは難しい。しかし，特定の要因が外形に強い影響を与える場合もある。例えば，図 3.10 の角にある {111} の面にだけ付着する不純物が環境中に存在すると，その不純物

は ¦111¦ の成長を遅らせ，結果として ¦111¦ の面が発達した結晶が成長する
であろう。実際の結晶成長では，このような不純物は結晶中に取り込まれる場
合もあれば，再び環境中へと脱離してほとんど取り込まれない場合もある。

　要するに，本章の話をまとめると，結晶の外形を決めるのは結晶構造という
内的な要因と，成長条件という外的な要因である。成長条件によっては結晶の
平坦な面が失われることもあり，このしくみについては，つぎの 4 章で説明す
る。

4章

結晶の成長メカニズム

「良質な結晶」という表現は，物性研究のいろいろな場面で使われている。トップレベルの研究を進めるためには，まず良質な結晶試料が要求される。それでは，良質な結晶とはいったいなんであろうか。また，どうやって結晶は良質なものへと成長するのだろうか。これらの疑問に答えるために，本章ではフラックス溶液から結晶が成長するしくみに目を向けてみよう。

4.1　結晶成長の過程

フラックス法で結晶が成長するメカニズムは，水溶液など溶液一般からの成長機構と基本的に同じである[1]。溶液から結晶が成長する過程には，大きく分けてつぎの3段階がある。

（1）　過飽和状態の出現

（2）　結晶核の形成

（3）　結晶核上への結晶成長

つまり，それまで溶質が完全に溶け込んでいた溶液において，温度の低下などによって溶解度が下がると，過飽和の状態が現れる。そうすると，溶液中で自由に拡散していた溶質成分の一部が凝縮して，微視的な結晶核を形成する。それに引きつづき，溶質成分は結晶核の表面上に取り込まれ，結晶構造の骨組みをつくりながら巨視的な結晶へと成長する。

溶液中に存在する溶質成分の粒子としては，溶液の種類によって原子，分子，イオン，あるいはいくつかのイオンが会合した錯イオンなどの化学種が考

えられる。実際の化学種がどれであるかは，溶液の性質をくわしく理解するのに重要であるが，本章で結晶成長の要点を議論するにはあまり問題にならない。そこで以下では，誤解のない限り「原子」という言葉を使うことにする。

それでは，結晶成長の過程を順に追ってみよう。

4.2 溶解度曲線と過飽和度

溶液からの結晶成長を考えるうえで最も重要になるキーワードは**過飽和**（supersaturation）である。過飽和は溶液が熱平衡状態からはずれていることを意味しており，それまで均一であった溶液の中に結晶核をつくり出し，さらに結晶核を大きな結晶へと成長させる駆動力になる。このような過飽和の程度を表したものが**過飽和度**（degree of supersaturation）である。過飽和度は，以下で述べるように，**溶解度曲線**（solubility curve）を使って求めることができる。

4.2.1 溶解度曲線の性質

図 4.1 に典型的な溶解度曲線を示す。溶解度曲線は，ある物質（溶質）が，あるフラックス（溶媒）中に溶け込める量の温度変化を表している†。図 4.1 の曲線は正の傾きをもっており，温度が高くなるほど溶解度は上昇する。これは，ほとんどのフラックス溶液が示す性質である。

溶解度曲線よりも下側は**不飽和溶液**（unsaturated solution）であり，ここにはさらに多量の溶質を溶かし込むことができる。一方，溶解度曲線よりも上側の領域は**過飽和溶液**（supersaturated solution）に対応し，溶解度で与えられる濃度よりも多量の溶質が溶液中に溶け込んでいる。このため，過飽和溶液は自由エネルギーの高い，非平衡の状態にある。

---

† 本来，溶解度は溶媒 100 g 中の溶質のグラム数として定義されている。ただし，溶質／溶媒の mol 比や，溶質／（溶質＋溶媒）の mol 比，あるいはグラム比などが溶解度として与えられている場合もあるので注意が必要である。

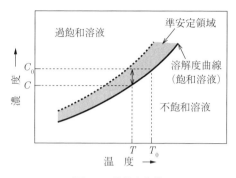

図4.1 溶解度曲線

　ちょうど溶解度曲線上にあるのが**飽和溶液**（saturated solution）である。ここで，無限大の結晶の表面が飽和溶液と接している状態を考えると，そのとき結晶から溶液へと溶け出る溶質の量と，溶液から結晶にもたらされる溶質の量が等しくなる。したがって，飽和溶液は結晶（固相）と溶液相との間での物のやり取りが等しい**平衡状態**（equilibrium state）にある。

　平衡状態にある飽和溶液をどれだけ放置しても，そこから結晶が現れることはない。一方，そのような溶液を過飽和になるまで冷却するか溶媒を蒸発させると，溶液の中には溶かし込める量以上の溶質が含まれることになる。したがって，この状態から過剰分の溶質を晶出すれば，溶液は熱平衡状態に近付いていく。

　しかし，溶液が過飽和になっても，そこからただちに結晶が出現するわけではない。これは後で説明するエネルギー障壁の存在によるのであるが，このように溶解度曲線を超えたある範囲内には，自由エネルギーの高い状態が保持される**準安定領域**[†]（metastable region）が存在する。図4.1では溶解度曲線と破線の曲線に囲まれた領域が準安定領域に相当し，フラックス成長では10〜50℃程度の温度幅をもっていることが多い。

---

†　オストワルド−マイヤーズ（Ostwald-Miers）領域とも呼ばれる。

4.2.2 過飽和度の定義

4.2.1項で述べた溶解度曲線の性質をもとにして，過飽和度はつぎのように決められる。まず，飽和状態にある (T_0, C_0) の温度と濃度から出発して，温度を T まで下げるとする。そうすると，溶解度は C まで減少するので，過飽和になった分の溶質濃度は $(C_0 - C)$ である。そこで，$(C_0 - C)$ と飽和濃度 C との比率として，過飽和度 σ は

column

溶液以外からの結晶成長

　溶液とは違った環境相からの結晶成長として，気相，融液（結晶化する物質の純粋な液体），および固相からの結晶成長がある（2.4節参照）。

　気相では，過飽和状態の蒸気から結晶が成長する。そこで図4.1において，縦軸の濃度の代わりに蒸気圧をとり，溶解度曲線の代わりに平衡蒸気圧をとれば，溶液の場合と同じように過飽和度が定義される。気相と溶液は，どちらも環境中における結晶化成分の濃度が小さい。したがって，これらの希薄な環境から結晶が成長するには，物質の輸送や濃縮が重要な過程になる。気相と溶液とでは結晶成長のメカニズムに共通点が多く，どちらからも平坦な面で囲まれた結晶が成長しやすい。

　一方，融液からは融点以下に過冷却した状態で結晶が成長する。この場合，液相と固相の濃度はほぼ等しく，結晶成長は液体そのものが固化する凝固現象になる。したがって，物質の輸送や濃縮過程はあまり問題にならない。その代わりに結晶化で放出される凝固熱の輸送が重要になり，この熱がどうやって固相と液相との界面から逃げるかで，結晶の形や質が変わってくる。融液から成長した結晶は，一般に原子レベルで凸凹の激しい荒れた面をもち，低指数面で囲まれた多面体の形にはならないことが多い。半導体素子用のシリコンを始めとして，大型結晶の工業生産には融液成長が広く利用されている。

　最後に，固相からの結晶成長は，加熱によって多結晶体中の粒子が大きくなることを指す。結晶粒にはひずみエネルギーや粒界エネルギーが蓄えられており，これらが加熱によって解放されることで粒成長が起こる。物性研究で良質な単結晶試料を得るために固相成長を利用した例は少ない。

$$\sigma = \frac{C_0 - C}{C}$$

と定義される。

　過飽和度 σ が大きいほど平衡状態から離れており，結晶を成長させる駆動力が大きい。一方，過飽和溶液から結晶が晶出すると，そのままでは飽和溶液に近付くので σ は減少する。したがって一般に，結晶の成長を維持するには温度を下げつづけるか，あるいは溶媒を蒸発させ[†]，有限の σ を保つ必要がある。

4.3 核 形 成

　均一な過飽和溶液から結晶が成長するには，まずは溶液中で動き回っていた溶質原子がなんらかのしくみで凝縮し，安定な結晶核をつくる必要がある。この過程が**核形成**（nucleation）である。

　核形成は，熱力学的に不安定になった環境の中から，安定相が現れ始める現象である。一般に安定相（結晶）と不安定相（溶液）との境界面には，界面の存在によるエネルギーの不利が生じる。このため，凝縮してできた安定相の集合体があるサイズよりも小さいと，体積に対する表面の割合が大きく，再び不安定相中へと消滅する確率が高い。

　つまり，いったん現れた安定相がそのまま成長するには，あるサイズ以上の大きさをもつ必要がある。そこでこの問題を考えるために，過飽和になった水蒸気中から水滴が形成されるモデルを考察してみよう。溶液中の結晶核の形成も，本質的には水滴の形成と同じである。

4.3.1　水滴形成のモデル

　水蒸気中の水分子は自由に飛び回っており，ある一定の確率でたがいに衝突する。しかし水蒸気が過飽和になっても，多数の水分子が同時に衝突して，い

　[†]　溶媒の蒸発は，図4.1において溶解度曲線が下方向に移動することに対応する。

きなり安定な水滴ができるという過程は確率的に考えられない。したがって，まずは，二つの分子が衝突して2分子状のクラスター（集合体）ができ，もしこれが解離する前にもう一つの分子と衝突すれば，3分子状のクラスターができ・・・といった熱ゆらぎの過程を経て大きくなっていく。

このクラスターを単純化して，半径 r の球と仮定する。そうすると，クラスターができることによる自由エネルギーの変化 ΔG は，クラスターの体積に比例するバルク自由エネルギーの項と，表面積に比例する表面エネルギーの項の和として

$$\Delta G = -\frac{4\pi r^3}{3v}\Delta\mu + 4\pi r^2\gamma$$

と表される。ここで，$\Delta\mu$ は環境相（気相）と水滴（液相）との水1分子当りの自由エネルギーの差，v は水分子1個の体積，γ は単位面積当りの表面自由エネルギーである。

図 4.2 は ΔG をクラスターの半径 r の関数として図示したものであり

$$r^* = \frac{2v\gamma}{\Delta\mu}$$

および

$$\Delta G^* = \frac{16\pi v^2\gamma^3}{3\Delta\mu^2} = \frac{4\pi r^{*2}r}{3}$$

である。この図からわかるように，r が r^* よりも小さい領域では ΔG が r とともに増加し，表面エネルギーの不利がバルク自由エネルギーの有利さを上回っ

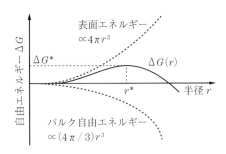

図 4.2　クラスターの大きさと自由エネルギーの変化

ている。つまり，クラスターはそれ以上大きくなるよりも，小さくなって消滅したほうが安定になる。

　一方，r^* よりも大きな半径をもつクラスターが熱ゆらぎによっていったんできると，r の増加によって ΔG は減少しつづける。したがって，r^* で極大になるエネルギー障壁 ΔG^* を超えたサイズのクラスターは，安定な水滴として成長していくことができる。

　このように，水分子のクラスターは，熱ゆらぎによって形成や消滅を繰り返しているが，安定な水滴になるには r^* 以上の大きさになる必要がある。そこで，r^* を**臨界半径**（critical radius）という。このとき $\Delta\mu$，つまり過飽和度が高くなるほど，r^* とエネルギー障壁は小さくなり，水滴はできやすくなる。逆に過飽和度が低いとエネルギー障壁が大きく，水滴ができる確率は小さくなる。

4.3.2　溶液中における核形成

　過飽和溶液から結晶核が形成されるしくみは，過飽和水蒸気中の水滴形成と同様である。溶液中で溶質の原子は拡散しており，ある頻度でそれらは衝突してクラスターをつくる。ほとんどのクラスターはすぐに解離し，再び別々の原子として溶液中を拡散する。しかし，過飽和度の高い状態では，熱ゆらぎによって，r^* 以上の大きさをもったものが現れる確率が高くなる。これが結晶核の形成過程であり，この場合は異物質の関与を考えていないので，**均一核形成**（homogeneous nucleation）という。安定な結晶核になるには，おおよそのスケールとして 100 原子程度の大きさが必要であることが知られている。

　ただし，実際に結晶成長の実験をすると，均一核形成はほとんど起こらない。これは，異物質の表面が下地になることで，核形成に必要な自由エネルギーが小さくなるからである。この場合の異物質には，るつぼの壁，溶液の液面，あるいは微粒子などがある。この現象は**不均一核形成**（heterogeneous nucleation）と呼ばれ，フラックス法ではこの過程を経て結晶が成長することが多い[†]。

[†]　例えば，図 2.2 のルビーの結晶はるつぼの壁に成長しており，不均一核形成であったことがわかる。

　この考えを発展させて，成長する結晶と同じ物質の**種子結晶**（seed crystal）を過飽和溶液に入れると，その表面では核形成のエネルギーがいらなくなる。したがって，結晶成長は種子結晶の表面で優先的に開始され，溶液中のほかの場所での核発生を抑えることができる。ただし，高温のフラックス溶液へ適切に種子結晶を導入するには，高度な技術が要求される。

　一般に核形成には，それにつづく結晶成長よりも高い過飽和度を必要とする。これは，核形成とは，溶液中で不規則に運動していた原子が最初に規則正しい配列をつくる過程であるのに対して，その後の結晶成長は，すでに存在する配列に原子を付け加えていく過程だからである。したがって，溶液の温度をゆっくりと下げて新たな結晶核の形成を抑えれば，最初に発生した結晶核を使って結晶を成長させることができる。

　むしろ，多くの実験で重要になる問題は，最初に発生する結晶核の数を抑えることである。もし発生する結晶核の数が少なければ，最終的に少数の大きな結晶が得られるであろう。反対に多くの結晶核が最初に発生すると，それらが溶質を取り合ってしまい，多数の微結晶しか得られない。この問題はフラックスの性質とも関わっており，6章で再び取り上げる。

4.4　層 成 長 機 構

　いったんできた結晶核は，さらに溶質原子が加わって大きくなることで自由エネルギーが減少する（図4.2）。これが狭い意味での結晶成長の始まりである。結晶が成長すると，溶質原子は溶液中から結晶の表面に移動するので，結晶のごく周囲（数百μm）には溶質濃度の低い境界層が存在する。溶質は濃度（過飽和度）の勾配に従って溶液の中を拡散するため，バルクの溶液中にあった溶質はまず境界層に運ばれ，そこから結晶表面へと移動する。

　20世紀の初めには，溶質のこのような移動だけを考えて結晶成長が説明されていた。しかし，この過程だけでは球状や塊状の結晶ができ，平坦な面をもった多面体の結晶はできそうにない。したがって，なにか重要な成長過程の

プロセスを加える必要がありそうである。ここでヒントになるのは，結晶面に見られる階段状の模様（**図4.3**）であり，結晶は平らな層の積み重ねによって成長することを示唆している。

(a) $Y_3Fe_5O_{12}$　　　(b) $DyMn_2O_5$　　　(c) $Al_{2-x}Cr_xO_3$

図4.3　結晶に現れる階段状の模様

そこで，結晶面は原子スケールで平坦な面と考え，原子の高さの成長層が2次元的に広がり，さらに積み重なっていく成長メカニズムが1930年ごろから検討されるようになった（**図4.4**）。

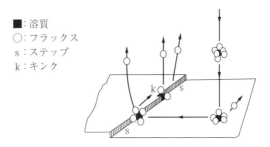

■：溶質
○：フラックス
s：ステップ
k：キンク

図4.4　溶液中の層成長機構の模式図

この**層成長機構**（layer growth mechanism）によると，平坦な結晶面に到達した溶質原子はすぐに結晶に取り込まれるのではなく，成長単位として表面に弱く吸着する。そして，成長単位は**表面拡散**（surface diffusion）によって結晶表面上を動き回り，階段になっている**ステップ**（step）や，特にステップが折れ曲がっている**キンク**（kink）の場所にたどり着くと，結晶に組み込まれる。ステップやキンクで結晶に取り込まれる理由は，これらの位置では結晶と多く

の結合ができ，吸着したときに放出されるエネルギーが大きいからである。ステップやキンクにたどり着く前に，溶液中に舞い戻ってしまう成長単位も多い。ステップやキンクに成長単位が加わることで，成長層は結晶表面上を広がっていく。

　なお，図4.4に示したように，溶質原子は溶液中で複数の溶媒原子と**溶媒和**（solvation）しており，ある種の構造体をつくっている。したがって，溶質原子が結晶表面に吸着するときには，**脱溶媒和**（desolvation）によって一部の溶媒原子が脱離する必要がある。脱溶媒和の過程は，溶質原子が結晶中に完全に組み込まれるまでにいくつかの段階がある。

4.5　渦巻成長機構

　結晶が平坦な面をもつことは，4.4節の層成長機構で説明がつく。しかし，このメカニズムだけではつぎの問題がある。つまり，ステップが結晶の端まで到達して一つの成長層が完成すると，結晶面は完全に平らになってしまう。こうなると，成長単位が容易に結晶に組み込まれる場所がなくなり，このままでは結晶がそれ以上大きくなれない。

　計算によると，平面上に新たな成長層の核（2次元核）ができるには，数十％程度の高い過飽和度が必要である。しかし，実験において，結晶は1％以下の過飽和度でも成長することがわかっている。

　この問題を解決するために，1949年に**渦巻成長機構**（spiral growth mechanism）がF.C.Frankによって提唱された[2),3)]。現実の結晶中には，いろいろな格子欠陥が含まれている。そこで，渦巻成長機構では格子欠陥の一種である**らせん転位**（screw dislocation）に注目する[†]。

　[†]　最初，層成長機構や渦巻成長機構は気相成長に対して提案されたが，溶液からの結晶成長でも同様に成り立つ。

　図 **4.5**（a）に示したように，らせん転位では，カットの入った場所で単位格子の厚さだけ結晶が上下にずれている。らせん転位が結晶の表面に顔を出していると，そこには原子配列のステップがあり，表面拡散していた成長単位は，ここで結晶に取り込まれる。ステップはらせん転位の芯の部分で消えている。そのため，成長層はそこを軸として渦巻状に前進し（図（b）），ステップはいつまでも完成することがない。したがって，渦巻成長機構では新たな成長層の核をつくる必要がなく，1% 以下の低い過飽和度下においても，結晶成長はつづくことになる。

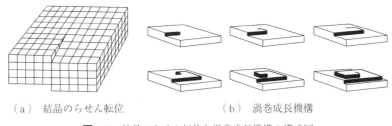

（a）　結晶のらせん転位　　　　　　（b）　渦巻成長機構

図 4.5　結晶のらせん転位と渦巻成長機構の模式図

　渦巻成長の考えが正しいことは，適切な観察法（例えば，微分干渉顕微鏡の使用 [4]）によって平らな結晶面に渦巻模様が見られることで実証される。**図 4.6** は典型的な渦巻成長層の 2 例である [5],[6]。渦巻成長層にはいろいろな形が

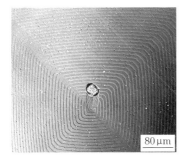

（a）　$YBa_2Cu_3O_7$ の結晶面（Elsevier （2000）より許可を得て転載）[5]

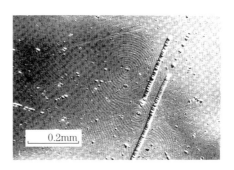

（b）　$Sm_{0.55}Tb_{0.45}FeO_3$ の結晶面（応用物理学会（1972）より許可を得て転載）[6]

図 4.6　渦巻成長の跡

あり，円形のものもあれば，結晶構造の対称性を反映した多角形のものもある。実在する結晶にはらせん転位が多少とも含まれており，一つの結晶面に複数の渦巻模様が見られることも多い。

なお，成長層の高さは原子や単位格子が基本になるが，多くの結晶ではそれらの数十倍や数百倍の高さになっている。これは，単位ステップが不純物などの影響で束ね合わさり（bunching），これらが歩調を合わせて結晶面上を前進するためと説明されている[1),4)]。

渦巻成長においても，溶質原子が表面拡散した後にステップやキンクの位置で結晶に組み込まれ，成長層が広がり積み重なっていくメカニズムを考える。これは基本的に層成長機構の考え方であり，渦巻成長はその一種と位置付けられる。渦巻成長のユニークな点は，新たな2次元核をつくる必要がないので，低過飽和度でも結晶成長がつづくということである。

4.6　骸晶と樹枝状結晶の成長

渦巻成長は低過飽和度下で進行する成長機構であり，このとき，結晶面上に新たな2次元核の形成は起こらない。逆に言えば，溶液の過飽和度が高くなると2次元核の形成が可能になり，渦巻成長よりも2次元核の形成によって層成長が進むようになる。

ここで重要になる点は，成長している結晶面の過飽和度は，その中心部分で低くなり，溶液中に突き出ている角や稜の部分で高くなることである（**図4.7**（a）：この現象は**ベルグ効果**（Berg effect）と呼ばれる）。このため，新しい2次元核は結晶の角や稜で発生しやすく，成長層は結晶面の中心に向かって広がっていくことになる。

成長中の結晶面を平坦に保つには，2次元核の形成によって新たな成長層が発生する頻度よりも，いったんできた成長層が結晶面を埋めつくす速度のほうが大きくなければならない。ところが，過飽和度が高くなっていくと，成長層が完成する前に新しい成長層がつぎつぎと発生してしまうようになる。この状

外側の曲線ほど濃度が高い

（a）　結晶のまわりの等濃度
　　　（等過飽和度）曲線

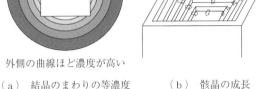
（b）　骸晶の成長

（c）　$Bi_2Ru_2O_7$ の骸晶

図4.7　ベルグ効果と骸晶の成長

況を立方体状の結晶において模式的に示したのが図（b）であり，このように中央に向かって階段状に凹んだ結晶を**骸晶**（skeletal crystal）と呼ぶ[†]。正八面体状の骸晶になった $Bi_2Ru_2O_7$ の結晶を図（c）に示す。

　過飽和度がさらに高くなると，結晶の角や稜で現れた成長層は結晶面へと広がっていくのではなく，溶液中へと突き出るようになる（**図4.8**）。この場合の結晶表面は原子レベルで荒れていることも多く，そのとき，溶質原子はただちに結晶に取り込まれる。こうして成長した結晶は複数の枝をもった樹木のような形になることから，**樹枝状結晶**（dendrite）と呼ばれる。**図4.9**には樹枝状結晶の3例を示した。

　フラックス法では，結晶成長の初期段階で過飽和度が高く，樹枝状結晶が成長しやすい。結晶成長が進行して過飽和度が下がると，樹枝状結晶の枝の隙間

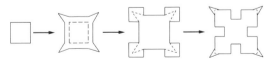
図4.8　樹枝状結晶の成長

[†]　英語では hopper crystal と呼ばれることが多い。hopper とは穀物やセメントなどを流下させる V 字型の容器である。

（a）　$Tb_2Ge_2O_7$

（b）　$Na_{1/2}Bi_{1/2}TiO_3$

（c）　$Bi_4Ti_3O_{12}$

図 4.9　樹枝状結晶の例

が埋められ，やがて平坦な結晶面が現れる。渦巻成長は，そのような平坦な結晶面にあるらせん転位で開始する。

4.7　結晶成長機構のまとめ

図 4.10 は，溶液の過飽和度と結晶の成長速度の大きさの関係をまとめたものである [1]。この図から，一般に，過飽和度の高い環境で結晶は速く成長する

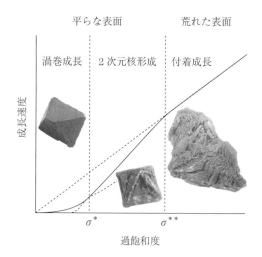

写真はそれぞれの領域で成長した Mn_3O_4 の結晶

図 4.10　過飽和度（駆動力）と成長速度の関係 [1]

ことがわかる。

　過飽和度が非常に低い場合は 2 次元核の形成が抑えられ，渦巻成長が進行する。この領域では，成長速度は過飽和度の 2 乗に比例することが知られている。一方，過飽和度が 2 次元核形成に要する σ^* より高くなると，新しい成長層が結晶の角や稜で発生し，結晶面の内側に向かって広がっていく。この状態で中央が埋め残されると，骸晶が成長する。

　渦巻成長と 2 次元核形成による成長は，どちらも平らな結晶面上の成長層の広がりと積み重なりで特徴付けられる。もし過飽和度がさらに高くなって σ^{**} を超えると，樹枝状結晶の成長が支配的になる。ここで，結晶面は原子レベルで荒れていることが多く，その表面に吸着した溶質原子はすぐに結晶に取り込まれるので，成長速度は非常に大きい。

　以上の議論から，平坦な結晶面は低過飽和度下で成長することがわかる。このような成長は，通常 1 日当り 1 mm 程度以下とゆっくり進行し，そこからは質のよい結晶が得られやすい。低い過飽和度は溶液を十分に徐冷することで実現できるのであるが，現実の結晶成長ではいろいろなメカニズムが相互に影響し合う（4.8 節参照）。そのため，どのような形や大きさや質の結晶が成長するかを正確に予測するのは難しい。特に溶液の粘度や温度変動も結晶の質に影響し，これらについては 6 章や 7 章で取り上げる。

4.8 結晶に見られる不完全性

　現実の結晶では，いろいろな種類の**不完全性**（imperfection）が成長中に導入されている。結晶の不完全性は，電子顕微鏡や X 線の装置を用いて観察される微視的（ミクロ）な欠陥と，肉眼や普通の光学顕微鏡で観察できる巨視的（マクロ）な欠陥とに大別することができる。

　微視的な欠陥は特に**格子欠陥**（lattice defect）とも呼ばれ，①**点状欠陥**（point defect），②**線状欠陥**（line defect），および③**面状欠陥**（plane defect）に分類される。①の点状欠陥は原子オーダーで点在した欠陥であり，原子の抜

けた**空孔**（vacancy），**格子間原子**（interstitial atom），**不純物**（impurity）などがある。②の線状欠陥は格子の 1 次元状の食い違いであって，単に転位と呼ばれることが多い。前述のらせん転位に加えて，**刃状転位**（edge dislocation）がその代表例である（後述の図 4.16 参照）。転位は結晶がなんらかの力を受けることによって発生し，フラックス育成した結晶には $10 \sim 10^4/\mathrm{cm}^2$ 程度の転位が含まれている。そして③の面状欠陥は，原子層の不整によって生じた積層欠陥など，2 次元状の欠陥である。

これら微視的な格子欠陥は，固体物理学や固体化学などの教科書において，結晶学の立場からくわしく説明されている。そこで以下では，こういった教科書には書かれていない巨視的な欠陥を中心に，いくつかの代表例を見てみよう。

4.8.1　双晶と平行連晶

フラックス溶液から成長した結晶において，しばしば見かけるのは**双晶**（twin）と**平行連晶**（parallel intergrowth）である。

双晶では，二つ以上の単結晶が，たがいに鏡像，あるいは軸対称の方位関係をもって接合している。正八面体の結晶における双晶を**図 4.11** に模式図として示す。図の網掛けした面が**双晶面**（twin plane）であり，この接合部分では二つの結晶部分に共通な構造をもっている。双晶の二つの写真を**図 4.12** に示す。

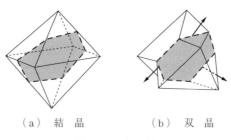

（a）結　晶　　　（b）双　晶

図 4.11　正八面体

　一般に，双晶は単結晶よりもエネルギー的に不利なのであるが，結晶核が発生する段階で出現すると理解されている。なぜなら，小さな核が接合することで，大きさが一挙に2倍になり，単独の核よりも生き残って，臨界半径に達する確率が高くなるからである。また，双晶では接合部分に凹入角が現れ，ここは成長過程において一種のステップとなる。そのため，図4.11において矢印で示した方向に成長が進みやすく，双晶は同じ条件下で成長する単結晶よりも大きくなることがある。

　なお，結晶によっては，顕微鏡的なサイズで多数の双晶が繰り返されていることがある。そのような双晶は，ここで考えている**成長双晶**（growth twin）のほかに，結晶の構造相転移によって生じる**転移双晶**（transformation twin）や，結晶に外力が加わることで生じる**機械的双晶**（mechanical twin）であることもある。

　（a）　$BaTiO_3$　　　（b）　$Al_{2-x}(Fe, Ti)_xO_3$

図4.12　双　晶　　　　**図4.13**　$Y_2Ti_2O_7$ の平行連晶

　また，よく双晶と間違いやすい接合体として，平行連晶がある。その例として，正八面体結晶のものを**図4.13**に示す。これを図4.11の双晶と比べると，平行連晶では正八面体がたがいに同じ方向に連なっていることがわかる。

4.8.2 内　包　物

結晶中にフラックスが取り込まれると，フラックスは**内包物**（inclusion）となる。すでに述べたように，成長している結晶の表面に溶質原子が吸着すると，溶媒和していたフラックスは取りはずされる。もしフラックスが溶液へと舞い戻るよりも速く成長が進んでしまうと，フラックスは結晶中に取り込まれてしまう。これは過飽和度の高い結晶成長の初期や，樹枝状結晶の分枝間が埋まる段階で起こりやすい。

図 4.14 は大量のフラックスを内包した $Y_3Al_5O_{12}$ の結晶である。その表面は平坦で無色透明であることから，成長の最終段階では過飽和度が低かったことが推測できる。

図 4.14　大量のフラックスを内包した $Y_3Al_5O_{12}$

右上の分域は縞の間隔が広くなっている

（a）　成長縞をもつ $Al_{2-x}(Fe, Ti)_xO_3$　　（b）　成長分域をもつ六角板状に成長した $Y_{3-x}Nd_xGa_5O_{12}$

図 4.15　成長縞と成長分域の例

フラックスの内包をできるだけ避けるには，徐冷速度を下げて，粘度の低い
フラックスを使用するなどの方法がある。

4.8.3 成　長　縞

内包物のほかにも，結晶中にはいろいろな種類の不均一性や不完全性が存在
する。例えば，温度の変動などで成長が一時中断されると，結晶に取り込まれ
る成分や不純物の濃度にムラができやすい。これは**成長縞**（growth banding）
として結晶に痕跡を残し，透明な結晶では肉眼でも確認できることがある。そ
の一例を**図 4.15**（a）に示した。ここで見られる六角形や三角形の成長縞は
結晶構造を反映しており，ある時点では成長の最前線であったわけである。

成長縞は多数のものが規則正しい幅をもって周期的に現れることも多く，そ
の場合は**累帯構造**（striation）とも呼ばれる。また，結晶学的な方向によって
成長速度や不純物の濃度に差があると，それぞれの方向で完全性や縞の間隔な
どの均質性が異なってくる。このような場合，それぞれの領域を**成長分域**
（growth sector）と呼ぶ（図（b））。

4.8.4 小 傾 角 粒 界

線状欠陥の一種として，刃状転位があることは前に述べた。これは，余分な
原子の面が結晶の途中まで入り込んだ欠陥である（**図 4.16**（a））。複数の刃
状転位が連なって列をつくると，図（b）のように結晶の左側と右側で方位の

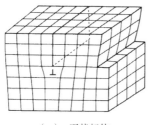
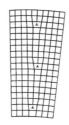

（a）　刃状転位　　　　　　（b）　刃状転位の列によって
　　　　　　　　　　　　　　　　　生じる小傾角粒界

図 4.16　刃状転位と小傾角粒界の関係

異なった領域が現れるようになる。これを**小傾角粒界**（low angle grain bound-ary）という。

　図において，逆さのＴで示した場所は刃状転位の**芯**（core）に対応し，格子はここで強くひずんでいる。そのため，結晶表面の腐食は転位芯で優先的に進行し，そこには**腐食孔**（etch pit）と呼ばれる凹みができる。図 4.6（ b ）の右側にある腐食孔の列は小傾角粒界，つまり刃状転位の列と考えられる。

5章

相 図 の 利 用

　均一な高温溶液を出発点として，そこから結晶が成長するように実験条件を設定する――これがフラックス法による結晶育成である。ここで実験を成功に導く重要なカギは，適切な出発組成範囲，育成の温度領域，および冷却速度を知ることにある。これらは相図を使って検討できるので，本章では，フラックス法において相図がどのように用いられるかを見てみよう。

5.1　フラックス法と相図

　ある化合物の結晶がフラックス溶液から成長したとする。この場合，その化合物は液相中の一部であった状態から，固相の状態へと相変化したことになる。このような相変化は，温度の変化によって起こるほか，圧力や化学組成の変化によっても現れる。

　いろいろな温度，圧力，および組成の変化によって現れる相変化は，**相図**（phase diagram：状態図や相平衡図などともいう）によって図示される。別の言い方をすれば，相図とはいろいろな温度，圧力，および組成の条件において，どの相（あるいは，どの相の組み合わせ）が熱力学的に安定な平衡状態であるかを表現したものである。したがって，相図を読み取ることにより，適切な結晶育成法や育成条件が検討できる。

　フラックス法は，通常1気圧付近の圧力下で実験が行われる。また，溶液の蒸気圧や周囲をとりまく気体との反応は，無視することが多い（一般に，多くの酸化物では空気中，空気と反応する金属間化合物などでは不活性雰囲気中で

結晶が育成される)。そこで,以下では圧力変数と気相を考慮の対象から除外
して,1気圧の定圧下における固相‐液相系の相図をおもに考える。

5.2　2 成分共晶系

5.2.1　共晶系の特徴

図 **5.1** は,溶質とフラックスをそれぞれ 1 成分とした,**2 成分系**(two com-
ponent system)の相図である[†]。この図の縦軸は温度をとっており,下端の最
低温度でも室温より高温にあるとする。図の横軸には溶質とフラックスの組成
比(濃度)が示されている。多くの場合,組成比は mol 百分率(mol%)で示
されるが,重量百分率(wt%)で示されている相図もある。

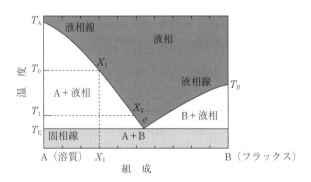

図 5.1　2 成分共晶系の相図

図 5.1 のような相図は,**共晶系**あるいは**共融系**(どちらも英語は eutectic
system)と呼ばれ,フラックス法以外でも広く見られる。そこで,より一般的
な名称として,溶質を成分 A,フラックスを成分 B とし,図に表示した。こ
の図によると,成分 A は温度 T_A の融点をもち,成分 B の融点は T_B である。

[†]　通常,注目している相図の各相を表現するのに必要な化学組成を成分として考える。
　　一般に,成分の数を c,相の数を p とすると,系の平衡状態を保ったまま自由に変え
　　られる独立変数(温度,圧力,組成など)の数 F は $F = c-p+2$ となる。これを
　　Gibbs の相律(Gibbs phase rule)という。

　高温側の「液相」と記された領域では，ただ一つの相だけが存在する。つまり，ここで成分Aと成分Bの全体は完全に融け混ざっており，これは**均一系**（homogeneous system）である。均一系はそのどこをとっても物理的・化学的性質が同じである。そこから成分Aと成分Bを機械的に分離することはできない。

　それに対して，低温側の「A＋B」と書かれた領域は，二つの固相からなる**不均一系**（heterogeneous system）である。ここで成分Aと成分Bは別々の固相として存在しており，系内の場所によって化学組成や性質が異なる。このような不均一系の固体として，例えば，墓石などに使われる花崗岩をイメージすればよいであろう。花崗岩は石英や長石や雲母などの鉱物（つまり固相）からできており，それぞれの相は色の異なる粒として見分けられる。一般に二つまたはそれ以上の相が存在する不均一系において，それぞれの相はなにかしらの方法で分別することができる。

　図5.1の中間の温度領域には，「A＋液相」および「B＋液相」と記された二つの異なる状態がある。これらは一つの成分が部分的に溶解した不均一系である。左側の「A＋液相」では，固相Aと，それとは異なる組成をもった液相が共存する。他方，右側の「B＋液相」では，固相Bとそれとは異なる組成の液相が共存する。これらの領域と高温側の「液相」領域を分ける曲線を，**液相線**（liquidus line）と呼ぶ。また，これらの領域と低温側の「A＋B」の領域を分ける線を，**固相線**（solidus line）という。液相線と固相線は，「e」と記された**共晶点**（eutectic point：**共融点**ともいう）で交わる。固相Aと固相Bと液相が平衡状態として共存できるのは，共晶点のみである。

　ここで左側の液相線に注目すると，Bの割合がゼロから増加することで，固相Aが現れる温度はT_Aから共晶温度T_Eまで低下する。つまり，フラックスを加えることで，溶質が結晶化し始める温度は低下する。これは見方を変えると，Aが液相中に完全に溶け込める温度と組成の限度を表したのが，液相線ということになる。つまり液相線が意味するものは，4章で述べた溶解度曲線と同じである。

この液相線以下の温度では，固相 A と液相が平衡状態として共存する。その注目している温度において，水平に引いた線の右側が相境界（液相線）と接する位置は，液相の組成を与える。また，この線の左側が相境界と接する位置は，固相の組成（この場合は A）を与える。このように，平衡にある二つの相の組成を結び付ける線を，一般に**共役線**（tie line：**連結線**ともいう）という。

さらに，平衡状態で共存する固相と液相の量比は，共役線に**てこの原理**（lever rule）を使って決められる。例えば，全体の組成が X_1，温度が T_1 にある系では，固相 A と組成 X_2 の液相が共存している。ここでてこの原理を使うと，固相と液相の量比は共役線の線分 $\overline{X_1X_2} : \overline{AX_1}$ で与えられる。つぎに，この系の温度を T_0 まで上げると，液相の組成は X_1 になり，固相 A と組成 X_1 の液相の量比は $0 : \overline{AX_1}$ となる。つまり，T_0 で系全体は組成 X_1 の液相になる。

今度は図 5.1 の右側の液相線に目を向けてみよう。ここでは，液相線の下側に固相 B が現れる。つまり，共晶点よりも右側の組成の溶液を冷却すると，そこからは B の結晶が成長する。このように，溶液の冷却によって現れる結晶は溶液の組成によって決まるのであり，A と B の融点の大小関係などとは関係ないことを相図は示している。

なお，フラックス法では，複数の化合物（あるいは複数の金属元素）を混合してフラックスにすることも多い。その場合，例えば，固体のフラックスは複数の相から構成されており，その状態は「B」という一つの成分だけでは記述できない。しかし，溶質 A の固相が現れる液相線の領域だけを考えるのであれば，便宜的にフラックス全体を 1 成分と見なし，溶質-フラックス系を「**擬2 成分系**（pseudo-binary system）」として扱うことが多い。

5.2.2　共晶系の相図における結晶成長の経路

つぎに，結晶が溶液から成長する過程を理解するために，**図 5.2** の相図を使って具体的な経路を追ってみよう。まず出発点として，（1）と記された位置を考える。これは溶質 A が 50%，フラックス B が 50% の組成比をもった系であり，（1）の温度では，均一な溶液が安定な平衡状態である。

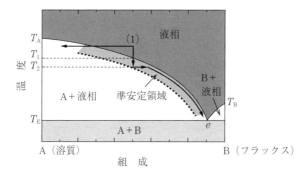

図 5.2 2成分共晶系における結晶成長の経路

　出発点の（1）から温度をゆっくり下げていくと，系は液相の領域を下向き
の矢印に沿って移動する。これは，系が均一な溶液として冷却されることに対
応する。やがて温度が T_1 以下になると，系は液相線を下回り，ここでは溶質
の一部が溶液から晶出する状態が熱力学的に安定になる。

　しかし実際は，結晶が現れるには最初に結晶核が発生する必要があり，それ
には一定の過飽和度が必要である（4章参照）。このため，系は均一な溶液の
ままで過冷却し，温度が T_2 になるまで下向きの矢印方向に移動する。図5.2
の破線は過飽和状態の溶液がどれだけ過冷却するかを表しており，液相線と破
線で囲まれた領域は準安定領域に対応する。

　（1）から冷却した溶液の温度が T_2 に到達すると，結晶核の発生をもって結
晶成長が開始される。このとき，過飽和分の溶質は結晶核に取り込まれるの
で，溶液の過飽和度は大幅に減少する。したがって，液相の組成は右向きの矢
印に沿って変化し，液相線上の平衡状態の値に近付く。

　もし温度 T_2 で平衡状態になったら，液相の組成は液相線の位置（図では溶
質が38%，フラックスが62%）で与えられる。つまり，T_2 で過飽和度がゼ
ロに達した場合，液相中の溶質の濃度は最初の50%から38%に減ったこと
になる。

　通常の実験では T_2 を通過するように徐冷がつづくので，結晶核が発生した
後も平衡状態には達せず，過飽和度はゼロにならない。結晶の成長は結晶核の

発生と比べて低過飽和度下で進行し（4章参照），このときの液相の組成変化
は液相線に沿って降下する矢印で示される。結晶の成長は徐冷によって共晶点
までつづき[†]，その最末期に残っている液相の組成は溶質が10%，フラック
スが90%になっている。この残液は，共晶点で固結する。

5.2.3 共晶系の相図とフラックス法の特徴

図5.2の例では，溶質が50%，フラックスが50%の組成比の溶液から出
発して，共晶点に到達した時点で液相中の溶質は10%にまで減少した。この
例では成分の蒸発ロスを考えていないので，系全体の組成はつねに一定であ
る。したがって，液相中の溶質が50%から10%に減少したことは，その分
だけの溶質が結晶化に使われたことになる。

もし，さらに溶質に富んだ溶液から出発すれば，それだけ結晶化する量が増
え，より大きな結晶の成長が期待できるであろう。しかし，その場合は出発温
度を上げる必要があり，これにはつぎのような問題があるかもしれない。（1）
フラックスや溶質の蒸発が激しくなる，（2）使用する電気炉やるつぼの温度
上限を超えてしまう，（3）高温で液相線は不都合な傾きをもっている（すぐ
後に説明する）。また，図5.2には図示していないが，（4）溶質の結晶は高
温で別の結晶構造に相変態する，という問題が存在する場合もある。

結晶の成長は，系が液相線に沿って降下するときに進行するので，液相線の
温度・組成範囲が大きいほど有利になる。ただし，液相線は大きさだけでな
く，その傾きも重要になる。もし液相線の傾きが小さいと，少しの温度変動で
液相の組成が大きく変化してしまう。これでは結晶の成長が不安定になり，欠
陥や不均一な内部組成をもった結晶が現れやすくなる。一方，液相線の傾きが
大きすぎると，温度を変えても，液相の組成は少ししか変化しない。したがっ
て，この場合は徐冷法で大きな結晶を得るのが難しくなる。

[†] 実際の実験では，共晶点よりもかなり高温側で徐冷を停止することが多い。これは，
低温になると溶質の拡散速度が低下して結晶成長速度が遅くなるのと，共晶点の正確
な位置がわかっていない場合が多いからである。

なお，ここで付け加えておくと，フラックスを蒸発させて結晶を成長させる蒸発法は，図 5.2 の（1）から左側に伸びる矢印の過程に対応する。原理上，蒸発法は液相線の範囲が小さいときも利用でき，100 ％ の収率で結晶を成長させることができる。

5.2.4 共晶系の具体例

やや概念的な説明がつづいたので，以下で共晶系の具体例を四つ見てみよう。

図 **5.3**（a）に $BaTiO_3$–KF 系の相図[1]を示す。ここで，目的の $BaTiO_3$ は**一致溶融**（congruent melting）する化合物であり，その融点で同じ組成の液体に融解する。

しかし，液体になった $BaTiO_3$ を冷却すると，融点下で結晶化するのは実用上に重要な立方晶ではなく，六方晶の $BaTiO_3$ である（立方晶の $BaTiO_3$ は 120 ℃ 以下で強誘電相に転移するため，強誘電材料として広く利用されている）。結晶化した六方晶の $BaTiO_3$ は，立方晶への変態温度で大きくひずんで破損してしまう。

したがって，立方晶の $BaTiO_3$ 結晶を得るには，それを液相から直接成長させる必要がある。これには KF をフラックスに使い，立方晶が**初晶**（primary crystal）として液相から現れる領域まで成長温度を下げればよい。実際には KF の蒸発を抑えるため，結晶成長は 1 200 ℃ 以下で行われ，この方法では双晶の $BaTiO_3$（図 4.12 参照）が成長する。なお，この方法よりも大型で良質の $BaTiO_3$ 結晶を育成する技術として，自己フラックスの TiO_2 を使った溶液引き上げ法が産業界で広く利用されている。

図 5.3（b）に，$BaFe_2As_2$–FeAs 系の相図[2]を示す。$BaFe_2As_2$ は鉄系高温超伝導体の一つである。$BaFe_2As_2$ の結晶育成は酸素のない不活性雰囲気中で行う必要があり，そのため，出発原料を石英管に封入することが多い。このとき，$BaFe_2As_2$ の融点は石英ガラスを使用できる温度（約 1 200 ℃）を超えるため，FeAs を自己フラックスに使えば，結晶成長温度を下げられる。

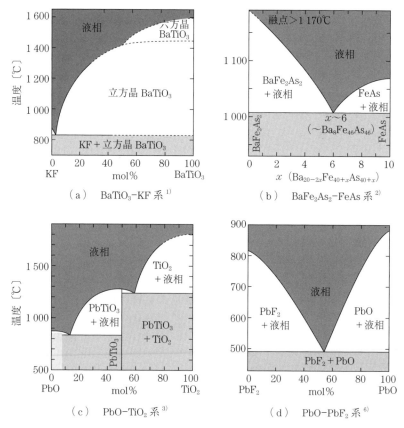

図5.3 共晶系の例

図 5.3（c）には，PbO-TiO₂ 系の相図[3]を示した（PbO 付近の複雑なふる
まいは省略している）。ここで，目的の強誘電体 PbTiO₃ は 2 成分の組み合わ
せとして示されており，これまでの相図とは異なった印象を与えるかもしれな
い。しかし，この相図は PbO-PbTiO₃ 系と PbTiO₃-TiO₂ 系の二つに分割でき，
それぞれは単純な共晶系であることがわかる。

PbTiO₃ は 1 285℃ で一致溶融するため，その融液を冷却すれば，結晶が成長
するはずである。しかし，この温度では PbO の蒸発が激しくなり，液相の組
成を PbTiO₃ に保つのが難しくなる。一方，図 5.3（c）の相図を見ると，

PbO か TiO_2 を自己フラックスに適用できること，そして PbO のほうが液相線は大きく，こちらが有望であることが読み取れる（実際にはフラックスとして PbO が単独[4]で使われるほか，PbO-B_2O_3 系[5]も使われている）。この例のように，フラックス法では液相の組成を一定に保つ必要がなく，さらに結晶の成長温度が融点よりも低くなるので，高温で蒸発しやすい成分をもつ化合物の育成に有利になる。

最後の例として，PbO-PbF_2 系の相図[6]を図5.3（d）に示した。PbO と PbF_2 は，それぞれ単独でも酸化物のフラックスとして利用されている。その一方，PbO と PbF_2 を混合することで，融点は共晶点の490℃にまで下げられる。融点の低いフラックスを使えば，一般に低い温度で結晶育成でき，溶質に対する溶解度が大きくなることも多い。複数の化合物を混合したフラックスのいろいろな例は，6章で解説する。

5.3 分解溶融と分解飽和

5.3.1 分解溶融化合物

5.2節の化合物は，どれも融点で一致溶融するものであった。それに対して，化合物によっては，ある温度で別の組成の固相と液相に分解するものがある。この現象を**分解溶融**（incongruent melting）と呼び，その一例の相図を**図5.4**に示す。

この図の分解溶融化合物 A_2B を加熱すると，温度 T_1 で固相（A の組成をもつ）と液相（p の組成をもつ）に分解する。さらに温度を上げると，てこの原理に沿って液相の割合が増え，温度 T_0 以上では A_2B の組成をもった液相になる。

ここで，なぜ A_2B は分解溶融するのか，その一つの理解の仕方を示しておこう。図5.4でA の融点は T_A であるが，なんらかの理由（例えば，圧力の変化）で融点が $T_A{}^*$ にまで低下したと想定する。すると，新しい液相線は破線のカーブのようになり，A-A_2B 系は一つの共晶系になる。そしてその結果，A_2B

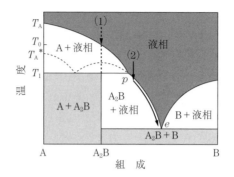

図 5.4　分解溶融化合物 A_2B を含む A-B 系の相図

はある温度で一致溶融するようになる。このように，化合物中の 1 成分の融点
が非常に高いとき，分解溶融の傾向が強くなると理解できる。

　分解溶融する化合物の融液を冷やしても，通常そこから目的の結晶は得られ
ない。これは，つぎのように説明できる。図 5.4 で A_2B の組成をもった液体
を（1）の温度から冷却すると，T_0 から T_1 の温度では A の結晶化が進む。T_1
に到達すると，ようやく A_2B が熱力学的に安定な固相になる。そこで，それ
までに晶出した A の結晶と組成 p の残液が反応し，A_2B の結晶化が開始する。
しかし，この反応は結晶 A の表面でのみ進行するため，通常は全体が A_2B に
なる前に停止してしまう。そのため良質な A_2B の結晶は現れず，最終的に得
られる固体は A_2B と A と B の混合物になる。これは平衡状態ではないため相
図には示されていない。

　この場合，A_2B はいったん結晶化した A を包むように現れるので，分解溶
融化合物は**包晶系**（peritectic system）ともいう。図で「p」と示された場所は
包晶点（peritectic point）と呼ばれ，ここでのみ，A，A_2B，および液相の 3 相
が平衡状態として共存する。

　このような理由から，A_2B の結晶を成長させるには，分解温度 T_1 以下で，
A_2B が初晶として現れる条件を選ぶ必要がある。これには，（2）の位置から
徐冷を始めて，点 p から点 e までつづいている液相線を使えばよい。ここで，

フラックスになっているのは低融点成分Bである。一般にいっても，結晶中の低融点成分が自己フラックスとして使われることが多い。

5.3.2 他成分のフラックスを加えた場合の相図

図5.4の点pから点eまでの温度・組成領域が小さいと，自己フラックスを使った結晶育成は難しくなる。その場合，A_2Bの構成成分とは異なる物質をフラックスとして導入し，分解温度以下で結晶を成長させればよい。ここで，フラックスを成分Cとすると，A-B-Cの3成分系を考えることになる。

3成分系の組成比を示すには，三つの成分を各頂点にとった正三角形を使う。また，正三角形に温度軸を垂直に立てれば，三角柱の相図になる。しかし，そのような立体図は描くにも読み取るにも不便である。そこで，通常は三角柱を一定の温度で切断し，平面の正三角形を使って，ある温度の状態を示す。温度を変えたときの変化を図示したい場合は，地図の等高線のように複数の等温線を描けばよい。

成分Cをフラックスとして加えたときの相図として，二つの可能性を**図5.5**に示した[7]。これらは，フラックスCの融点より高い温度を表しており，Cに富む領域では均一な液相が存在する。それ以外の領域では，液相と一つか二つ

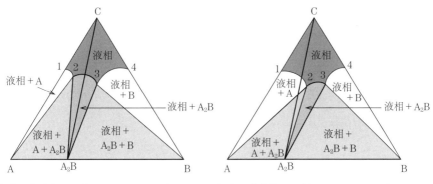

（a） 化合物A_2BがフラックスCによって
　　　一致飽和する場合

（b） 化合物A_2BがフラックスCによって
　　　分解飽和する場合

図5.5 A-B-C系の相図[7]

の固相が共存する。点 1 と点 2 の間の曲線は A の溶解曲線（つまり固相 A が溶液に飽和する状態），点 2 と点 3 の間の曲線は A_2B の溶解曲線，点 3 と点 4 の間の曲線は B の溶解曲線である。

　二つの相図には，点 A_2B から頂点 C までに直線を引いている。この直線は，A と B の組成比を 2：1 に維持したまま，C の割合だけを変化させることに対応する。図 5.5（a）の場合，この直線は A_2B の溶解曲線を横切っている。これは，A_2B の組成比で飽和した溶液から，A_2B が初晶として現れることを示している。一般に，このような現象を**一致飽和**（congruent saturation）という。

　一方，図 5.5（b）は，フラックス C によって A_2B が**分解飽和**（incongruent saturation）する例である。この場合，A と B の組成比が 2：1 で飽和した溶液からは，固相 A が初晶として現れる。A の結晶化によって液相中の B の割合が増え，液相の組成が点 2 になると A_2B がようやく現れる。このように，目的の化合物がフラックスに溶けても，そこから必ず目的の化合物が最初に晶出するわけではない。

　そこで，A_2B を初晶として溶液から晶出させるには，A_2B よりも B に富んだ組成比でフラックス C に溶かし込む必要がある†。あるいは，フラックス C の使用をあきらめ，A_2B を一致飽和する別のフラックスを探し出す。一般的な傾向として，低温まで高い溶解度を示すフラックスで一致飽和になることが多い[7]。

　なお，ここでは A_2B を分解溶融化合物として分解飽和を説明したが，分解飽和は一致溶融する化合物でも現れる現象である。化合物が一致飽和するか分解飽和するかは，フラックスとの相性で決まるのであり，その化合物が一致溶融するか分解溶融するかとは，直接の関係はない。

---

†　したがって，この場合は A_2B を一つの成分，C をもう一つの成分とした単純な 2 成分系で結晶育成を考えることはできない。

5.3.3 分解溶融化合物の例

分解溶融化合物の具体例として，**図 5.6** に La_2O_3-CuO 系の相図[8)]を示した。ここで注目するのは La_2CuO_4 であり，これは約 1 320℃の分解温度以下で大きな液相線をもっている。したがって，この場合は CuO を自己フラックスとして利用でき，実際に良質な La_2CuO_4 結晶がこの方法で育成されている。また，1 050℃以下では $La_2Cu_2O_5$ が現れるので，この温度よりも上で育成を止める必要があることも，相図は示している。

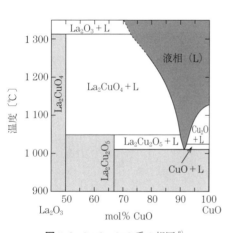

図 5.6 La_2O_3-CuO 系の相図[8)]

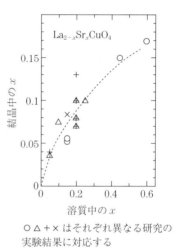

○ △ + × はそれぞれ異なる研究の実験結果に対応する

図 5.7 $La_{2-x}Sr_xCuO_4$ における出発原料中と結晶中の x の関係[9)]

La_2CuO_4 は，それ自体もおもしろい磁性体であるが，La^{3+} の一部を Sr^{2+} で置換すると超伝導体になる。これは $La_{2-x}Sr_xCuO_4$ の組成をもつ固溶体であり，超伝導相への転移温度は $x = 0.15$ で最高の 40 K になる。$La_{2-x}Sr_xCuO_4$ の結晶を育成するには，出発原料における La_2O_3 の一部を $SrCO_3$ に置き換えればよい[†]。

ただし，ここで注意が必要なのは，結晶化の過程で Sr^{2+} イオンは排除される傾向にあることである。つまり，溶液中の x と比べて，結晶中の x は小さ

---

† SrO は空気中の水分や CO_2 を吸いやすいので，代わりに $SrCO_3$ が出発原料として使われる。$SrCO_3$ は加熱によって SrO と CO_2 に分解する。

くなる。これは，「Sr^{2+} イオンの溶液－結晶間の**分配係数**（distribution coefficient）は 1 より小さい」と言い換えることもできる。

図 5.7 は，$La_{2-x}Sr_xCuO_4$ のフラックス育成において，出発組成における x と成長した結晶 x の関係を示したものである[9]。この図によると，例えば，x が 0.15 の組成をもつ結晶を得るには，出発原料として，x が 0.45 程度の溶質を仕込む必要がある。固溶体の育成にはこのような分配現象の問題が含まれるので，5.4 節では固溶体の相図を見てみよう。

5.4 固　溶　体

5.4.1 完全固溶体の相図

これまでに見てきた相図では，固相の組成はどれも A，B，A_2B など特定の値に固定されていた。これは，液相では A から B まで任意の割合で溶け合ったのとは対照的であった[†1]。一方，本節で取り上げる固溶体では，これまでに見た液相のように，一つの相として固体の組成が連続的に変化する。

つまり，固溶体は二つ以上の成分が固体中で溶け合ったものである。それには侵入型と置換型の 2 種類がある。侵入型の固溶体では，原子 A の格子間隙に原子 B が入り込む。一方，置換型の固溶体では，結晶構造を維持したまま A と B が任意に置き換わる。侵入型の固溶体をフラックス育成する例は少ないので，本書では置換型の固溶体のみを考える[†2]。

固溶体の最も簡単な例を**図 5.8** に示した。ここで二つの成分 A と B は固相において全組成比の範囲で混ざり合う。これを**完全固溶体**（complete solid solution）という。完全固溶体の例としては $KTa_{1-x}Nb_xO_3$ があり[10]，$0 \leqq x \leqq 1$ の全範囲で，Ta^{5+} と Nb^{5+} はたがいに置換できる。

---

† 1 液体でも温度・組成条件によっては**不混和**（immiscible）になり，複数の液相に分離するものがある（例えば，室温の水と油）。同様の現象は一部の固溶体でも見られる。気体は重力の効果を無視すると，つねに一つの相になる。

† 2 侵入型固溶体の代表例は，Fe に C が侵入固溶した鋼である。

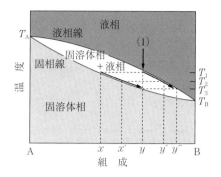

図5.8 完全固溶する2成分系の相図

KTaO$_3$とKNbO$_3$が完全固溶体をつくる理由としては，これらは同じペロブスカイト型の結晶構造をもち，両イオン間のイオン半径，電気陰性度，および原子価が同じか，ほぼ同じであることが挙げられる。一般に，置換する原子やイオン間の化学的な性質が近いほど，固溶できる範囲は広くなる。

図5.8の高温側の曲線は液相線であり，低温側の曲線は固相線である。固相線よりも下側の領域では一つの固相（固溶体相）が存在し，その組成は横軸の値によって与えられる。それと同じ組成の液体は，液相線よりも上側の領域に存在する。これらの相に囲まれた凸レンズ状の領域では，固相と液相が共存する。液相線と固相線は純粋なAとBの組成でのみ交わっており，その温度はそれぞれの成分の融点である。

ここで，組成がyの液体を図の（1）から冷却したときの変化を見てみよう。過冷却を考えない場合，この液体の結晶化は温度T_1で始まる。T_1に引いた共役線から，この温度で平衡共存する固相と液相の組成は，それぞれxとyで与えられる。T_1で固相の量はまだゼロに近い。

温度をさらに下げると固相の量が増え，T_2ではてこの原理から固相と液相の量比は線分$\overline{yy'}:\overline{x'y}$で与えられる。同時に，$T_2$では固相の組成は$x'$，液相の組成は$y'$になっている。固相と液相の組成および相対量の変化はT_3までつづき，そこで系全体が固体になる。このときの固相はyの組成をもち，最後に残った液体の組成はy''である。

つまり，組成 y の液体を冷却すると，そこから生じる結晶の組成は x から y へと連続的に変化する。A と B は結晶中で均一に分布するのが熱力学的に安定であるが，いったん固体に入った原子の拡散は遅く，均一な固溶体になるように原子が動くのは難しい。そのため，この固溶体の結晶において，内部は A に富み，表層部では B に富むといった化学不均一性が現れやすい。

5.4.2　適切なフラックスからの固溶体の成長

このような問題がある固溶体においても，フラックス法では適切なフラックスの選択によって，均一な固溶体を育成できることがある。その例を **図 5.9** の相図に示した[7]。ここで，フラックス C は A と B のそれぞれと単純な共晶系をつくっている。このとき，温度 T_1 から T_2 まで矢印に沿って溶液を徐冷すると，固溶体の組成は x に固定されるため，均一な結晶が成長する。

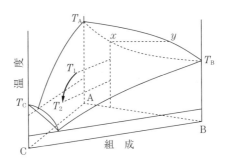

図 5.9　完全固溶する A–B 系に A，B のそれぞれと共晶系
をつくるフラックス C を加えたときの相図

これは理想的な例であるが，同様の理由によって，不均一性の問題が減少するフラックス育成の例は多い。

5.4.3　部分固溶する場合の相図

2 成分間の化学的な違いが大きくなると，限られた割合でのみ固溶体をつくるようになる。**図 5.10** の A–B 系は，部分的に固溶体をつくる共晶系の例である。図の「A_{ss}」と記された領域では，A に富む固溶体相が安定になり，そ

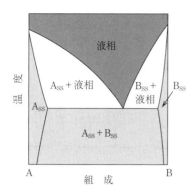

図 5.10　部分固溶域をもつ 2 成分共晶系
　　　　 の相図

（a）　定比組成 AB のみ存在して
　　　一致溶融する場合

（b）　固溶域をつくって AB で
　　　一致溶融する場合

（c）　固溶域をつくって最高融点
　　　組成（一致溶融組成）と定
　　　比組成が一致しない場合

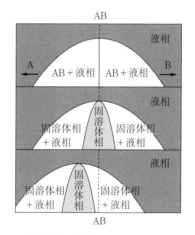

図 5.11　化合物 AB の融点付近の相図

　の組成は $A_{1-x}B_x$ で示される。液相と共存する固溶体の組成は温度によって異なり，共晶点の温度で x は最大になる。反対側の「B_{ss}」と記された領域では，B に富む $B_{1-x}A_x$ の固溶体相が安定になる。

　もし，この A–B 系で A の結晶を B のフラックスから成長させようとすると，B が固溶した結晶が得られてしまう。したがって，純粋な A を成長させるには，B は不適切なフラックスである。このように，目的の結晶と固溶するために，ほかの点では有望なフラックスが適用できなくなる例は少なくない。

　なお，多くの化合物は，相図において幅をもたない 1 本の垂線で表されている。その例として，図 5.11（a）に一致溶融する AB の融点付近の様子を示

した。これはそのまま理解すると，化合物を構成する元素は厳密に1：1の定比でのみ存在することを意味している。

　しかし実際は，くわしく調べると，特定の範囲で固溶域をつくっている場合も多い（図（b））。さらに図（c）のように，融点が最高になる組成（一致溶融組成）と定比組成が一致しない場合もある。これらの場合は，組成が定比からずれやすくなるので注意が必要である。

5.5　酸素圧と酸化物の安定性

　金属酸化物の結晶育成を大気中で行うと，多くの場合は，金属が通常の原子価（酸化数）をもった結晶が得られる。この「通常」というのは，1気圧（1 atm）の大気中の酸素分圧，つまり $P(O_2) = 0.21$ atm で安定な状態，という意味である。したがって，もし大気中とは異なった酸素圧下で結晶を育成すると，通常とは異なった価数が安定になるかもしれない。価数の変化は鉄族の遷移金属で特に顕著であり，原子の3d電子数が変わることで以下の状態が広く見られる。

Ti^{2+}, Ti^{3+}, Ti^{4+}

V^{2+}, V^{3+}, V^{4+}, V^{5+}

Cr^{3+}, Cr^{4+}

Mn^{2+}, Mn^{3+}, Mn^{4+}

Fe^{2+}, Fe^{3+}, Fe^{4+}

Co^{2+}, Co^{3+}

Ni^{2+}, Ni^{3+}

Cu^{+}, Cu^{2+}

　このように，複数の原子価をとりうることに関連して，それぞれの遷移金属酸化物が安定相になる酸素圧の範囲は，比較的限られている。そこで，金属の原子価と酸素圧の関係を理解するために，酸素圧が変数になる相図を見てみよう。

　図5.12（a）はCu-O系の相図[11]であり，いろいろな温度と酸素圧下で安定になる状態が示されている。室温・常圧下では，Cu^{2+}（CuO）が熱力学的に安定である。温度を上げると，700℃を超えたところでCuOは不安定になり，$2CuO = Cu_2O + \frac{1}{2}O_2$の還元反応によって，$Cu^+$（$Cu_2O$）が安定になる。温度が1 200℃以上になると$O_2$をさらに解離して，Cu（金属銅）が安定になる。酸素圧が低いと，低原子価の状態は低温まで安定になり，逆に高酸素圧下では，高い価数が高温まで安定になる。

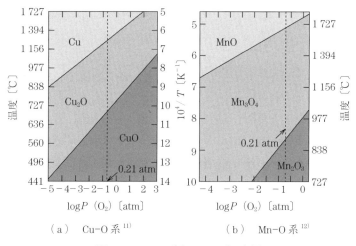

図5.12　Cu-O系とMn-O系の相図

　これらのふるまいは，（1）酸素圧が高いと，できるだけ多くの酸素を取り入れた状態が安定になり，（2）高温になるほどエントロピーの大きい気体を放出すると安定になる，という熱力学の原理によっている。したがって，同様の相関係はほかの金属でも見られ，その一例としてMn-O系の相図[12]を図（b）に示した。なお，複数の金属元素を含む複酸化物において，各金属の各原子価の安定領域は，単純酸化物のものとは一般に異なる。しかし，高温および低酸素圧下で低い原子価が安定になるという傾向は，どれも同じである。

　以上の議論から，高原子価の酸化物は高酸素圧下で育成できることがわかる。しかし，高酸素圧の実験には高圧・高温に耐える装置が必要であり，技術

的な問題に直面することが多い。そこで，高圧の問題を避ける一つの手段として，フラックスの酸・塩基度を調節し，特殊な価数を溶液中で安定化させる方法がある [13]。特に，酸化性の強い強塩基 NaOH をフラックスとすることで，$Ba_3Mn_2O_8$（Mn^{5+}）や Ba_2NaOsO_6（Os^{7+}）といった高原子価の結晶が常圧下で得られている [14]。

一方，低価数状態が安定になる低酸素圧の雰囲気は，通常の管状炉でつくることができる。もし必要な酸素圧が 10^{-5} atm 以上であれば，目的の酸素分圧をもった Ar/O_2 か N_2/O_2 の混合ガスを炉に流せばよい。さらに低い酸素圧が必要な場合は，CO/CO_2 あるいは H_2/H_2O の混合ガスを使う。この場合，それぞれ $CO_2 = CO + \frac{1}{2}O_2$ および $H_2O = H_2 + \frac{1}{2}O_2$ という平衡反応を利用し，混合ガスの組成比によって酸素分圧の値を調節することができる。

あるいは，目的の物質によってはガスを流すのではなく，系全体の酸素量を固定するほうが便利な場合もある。例えば，石英管の内部に封入した原料は，外部と酸素のやり取りをしない。したがって，フラックスやるつぼが結晶に影響を及ぼさない場合，出発原料の価数は結晶が成長する間に維持される。このようにフラックス育成した例として，$LiVO_2$（V^{3+}）[15] や LiV_2O_4（平均 $V^{3.5+}$）[16],[17] などがある（大気中の育成では V^{5+} が安定になる）。

5.6 相 図 の 決 定

ここまで，いくつかの代表的な種類の相図を紹介した。そこではフラックス法における相図の読み方に主眼を置き，その背後にある熱力学にはほとんど触れなかった。熱力学をベースにした相図の説明は，物理化学や材料科学の教科書に書かれている。必要に応じてそれらを参照していただきたい。

原理的には，ある温度（および圧力）で各相の自由エネルギーと組成の関係がわかれば，どの相および組成比が平衡状態として存在するかを計算できる。しかし，多くの場合，相図は熱力学計算ではなく，どの状態が実現するかを実験で調べて作成される。

　作成された相図は論文として報告され，その後に相図集に収録されるように
なる。酸化物などセラミックス系の相図集としては，『Phase Diagrams for Ce-
ramists』のシリーズ[18]がある（第9巻以降は『Phase Equilibria Diagrams』と
改題されている。これらに収録された相図はアメリカ国立標準技術研究所
（NIST）がデータベース化しており，オンライン上や CD-ROM で提供されて
いる）。合金や金属間化合物についても，いろいろな相図集[19]〜[24]やデータベー
スがつくられている。

　これらの相図集は，例えば，代表的な混合フラックスの組成と融点の関係を
調べるのに便利である。しかし，物質の多様性を考えると，目的の溶質-フ
ラックス系の相図が見つかるとは限らない。また，不正確な相図が報告されて
いる可能性もあり，そのまま信用するのは危険な場合もある。

　そこで，結晶育成者は必要に応じて自ら相図をつくることになる。ただし，
その目的には必ずしも厳密な平衡相図をつくる必要はなく，予備的な作業相図
で十分なことが多い[25]。

　ここで作業相図とは，さしあたって目的の結晶が成長する組成の範囲を示し
た図である。その作成には，いろいろな組成比の溶質とフラックスが入ったる
つぼを数多く準備し，これらを適当な最大温度から冷却する（溶質の濃度は
10 〜 25% 程度に設定することが多い）。最初の実験では広い組成範囲を試し，
大まかな傾向をつかむ。目的の結晶が得られる領域が見つかったら，その付近
をくわしく調べて最適な条件を決定する。これらの実験には小さいるつぼが多
数入る箱型炉を使うのが便利であり，冷却速度は本番の育成実験よりも数倍速
く設定するのが効率的である。

5.6.1 急 冷 法

　場合によっては作業相図では十分でなく，平衡相図として液相線や固相線を
決める必要がある。そのときに広く使われるのは，いろいろな組成の混合物を
高温からクエンチする**急冷法**（quenching method）である。

　急冷法[26)]では，まず十分に均質化した溶質とフラックスの混合試料を適切
な容器に入れる。つぎに容器を所定の温度に長時間（数時間 〜 数日程度）保
持し，平衡状態を達成させる。その後，容器を水中に落として急冷すると，高
温で液体であった部分はガラスとなり，結晶であった部分は結晶のままとな
る。そのため，顕微鏡観察とX線回折法から生成物を決定することで，高温
の状態が推定できる。

　もし急冷した生成物が二つ以上の固相を含む場合は，同じ組成の試料をさら
に高温から急冷する。それで生成物の固相が一つになったら，その相がその組
成領域の初晶である。同じ実験をさらに高温で行い，生成物が完全にガラスと
なった温度から液相線の位置が決まる。このようにして決定された相図の
例[27)]を**図5.13**に示す。

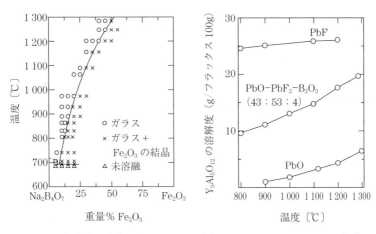

図5.13 急冷法で決定した Fe_2O_3-$Na_2B_4O_7$ 系の相図[27)]

図5.14 三つのフラックスにおける $Y_3Al_5O_{12}$ の溶解度[28)]

　なお，急冷を実現するには試料容器を縦型管状炉内につるし，そのまま水中
に落とすなどの工夫が必要である。トングを使って電気炉から容器を取り出す
のでは，動作をいくら速くしてもクエンチには十分でないことが多い。また，
合金など急冷してもガラス化しない物質には，この方法が適用できない。

5.6.2　溶解度決定法

急冷法では，液相線上の 1 点を決めるのに何度も実験を繰り返す必要がある。それに対して，1 回の実験で液相線の位置を決める方法として，**溶解度決定法**がある。この実験では，まず目的物質の小さな結晶（あるいは十分に堅い多結晶体）を準備し，重量を測定する。つぎに，その結晶を所定の量のフラックスと一緒に適切な容器に入れ，所定の温度で 1 日ほど保持する。その後，容器を急冷し，溶け残った結晶を酸などの使用によってフラックスから分離する。この結晶の重量を測定し，実験前と比べて減少した分から溶解度を算出する。同様の実験をいろいろな温度で繰り返すことで，溶解度曲線（液相線）が求まる。

高温での蒸発による誤差を防ぐために，通常は試料を密封する必要がある。酸化物系では容器に白金チューブを使い，チューブの両端を数回折ってからスポット溶接機で密封する。このような実験から決定された，三つのフラックスにおける $Y_3Al_5O_{12}$ の溶解度曲線 [28] を**図 5.14** に示す。

5.6.3　高温顕微鏡法

光学顕微鏡に**加熱ステージ**（hot stage）を設置すると，高温における試料の融解や結晶化を観察できる。溶質とフラックスが均質に混ざった固体試料は，加熱するとある温度で角が丸くなり始める。これは融解の始まりであり，その温度が固相線の位置を与える。さらに加熱していくと液体の量が増え，液相線を超えると試料は完全な液体になる。顕微鏡に偏光板を挿入すれば液体と固体のコントラストが強くなり，それらの区別が容易になる。顕微鏡観察は不透明な試料や揮発性のものでは難しくなるが，あまり手間をかけずに高温での変化を把握するのに便利な方法である。

5.6.4　示差熱分析法

示差熱分析法（differential thermal analysis，DTA）では，試料の相変化による熱の出入りを検知して相境界を決める。この実験では試料と基準物質を並べ

て置き，10℃/min 程度の速度でこれらを一緒に加熱あるいは冷却する。もし，試料に融解や分解などの相変化が現れると，それに伴う吸熱や発熱は，試料と基準物質との温度差として DTA 曲線上に記録される。

図 5.15 に共晶系における加熱方向の DTA 曲線[29)]を示した。（1）は純粋な成分 A であり，その融点で吸熱ピークが現れている。通常，転移温度はピーク頂上の温度ではなく，ピークが立ち上がる温度に対応する。つぎに，（2）と（3）の組成では，まず固相線の温度でピークが現れ，ここで融解が始まったことが確認できる。融解は液相線の温度までつづくため，ピークの高温側には幅の広い異常が重なっている。（4）は共晶組成なので，共晶温度でのみピークを示し，（5）は成分 B が初晶となる組成領域の融解現象を示している。

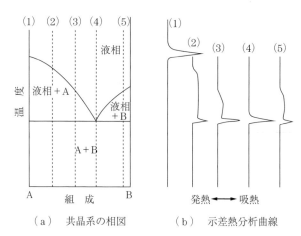

（a）　共晶系の相図　　　　（b）　示差熱分析曲線

図 5.15　共晶系の相図とその示差熱分析曲線（文献 29)の図をもとに作成）

DTA 曲線には，液相線の温度で明確な異常が現れないことも多く，その場合は，液相線の位置を正確に決めるのは難しい。しかし，DTA は容器の密封により揮発性の試料にも適用でき，加熱方向と冷却方向の比較から，過冷却についての情報も得られるという利点がある。

6章

フラックスの選択

　フラックス法で得られる結晶の大きさ，形，完全性といったものは，結晶の成長過程に依存する問題である。したがって，これらは実験条件のいろいろな要因によって影響されるが，その中でもフラックスの性質に関わってくる部分が非常に大きい。そこで本章では，理想的なフラックスとはなにかを最初に検討し，その後で実際に使われている代表的なフラックスを取り上げる。

6.1 相図だけでは見えない結晶成長

　5章では結晶が成長する条件について，相図による熱力学的平衡論の立場から考えた。そこでは相図における液相線が主役となり，液相線の温度・組成範囲が広いほど，フラックス法に有利であることが強調された。また，目的の結晶とは異なる化合物や固溶体ができてしまう条件も，相図から読み取れることがわかった。

　しかし，相図だけでは，そこから成長する結晶の大きさや外形，完全性などについて予測はできない。また，場合によっては相図に現れていない準安定物質が晶出することさえもある。なぜなら，これらは結晶が実際どのように成長するかの過程に関わっており，それは相平衡論の範囲を超えた，時間変化に関する速度論（キネティクス）の問題になるからである。4章で述べたように，結晶成長は有限の速度をもって，過飽和や過冷却という非平衡状態で進行する現象である。

　したがって，結晶育成の結果は，電気炉内部の温度勾配や溶液中の濃度分布，そして，それらの時間的な変化やゆらぎなど，多くの因子によっても影響される。結晶育成に適した条件の設定について，例えば，チョクラルスキー法ではくわしい数値解析が進められており，丸太のように大きい純良シリコン結晶などの工業生産に活用されている。それに対して，フラックス法ではさらに多くの要因が複雑にからみ合うため，それらをモデル化して最適な育成条件を導き出すのは難しい[†]。また，フラックス法ではフラックスや育成される物質の種類が多岐にわたることも，一般的な解析や議論を困難にしている。それぞれの物質について，最適な育成条件は，経験や勘を土台にした試行錯誤で決められることが多いのが実状である。

6.2　理想的なフラックスの性質

　ただし，ここで一つの要点として，「どれだけ良質で大きな結晶が成長するかは，使用するフラックスによって決まる部分が大きい」という事実がある。目的の結晶に適したフラックスであれば，ある特定の育成条件下で求める質・大きさの結晶が得られる可能性は高い。一方，フラックスの選択を誤ってしまうと，いくら実験を重ねても必要な結晶は得られないだろう。つまり，フラックス法における大きな課題は，適切なフラックスを見つけることにある。

　これまでに多くの元素，化合物，およびこれらの混合物がフラックスとして試されてきた。しかし実際には，酸化物の育成には酸化物を中心とした少数の化合物やこれらの混合物，そして，金属間化合物の育成にはいくつかの金属元素がフラックスとして広く利用されている。そこで，6.3節以降ではこれらの代表的なフラックスを解説するのであるが，その前に理想的なフラックスとはなにかを本節で考えてみよう。そこから適切なフラックスを選ぶための重要な指針が得られるからである。もちろん，通常は理想をすべて満たすフラックスは存

　[†]　理論的な試み方については，例えば，Elwell と Scheel の本[1]を参照。

在しないので，どの面を優先すべきかを見極めてフラックスを選ぶことになる。

できるだけ大きくて良質な結晶を得るのが目標である場合，理想的なフラックスとは，つぎの性質を有するものである。

1．目的物質に対する溶解度が大きい

2．溶解度の温度変化が大きい

3．目的物質以外の固溶体や化合物をつくらない

4．融点が低い

5．育成温度における蒸気圧が低い

6．育成温度における粘度が小さい

7．使用するるつぼを腐食しない

8．成長した結晶の取り出しが容易である

9．毒性が低い

10．高純度の試薬が安価で手に入る

以下，それぞれの性質について具体的に見てみよう。

〔**1**〕　**目的物質に対する溶解度が大きい**　　フラックスとして最も重要な性質は，溶質となる物質を十分に溶かすことである。溶質はもともと固体であり，その中では凝集力となる化学結合がはたらいている。化学結合の種類にはイオン結合，共有結合，金属結合，ファンデルワールス結合があり，化合物によってはイオン結合と共有結合の間，あるいは，共有結合と金属結合の間の中間的な性質を示すものも多い。いずれにしろ，フラックスには溶質中の化学結合を弱め，原子レベルまでバラバラにして溶液中に溶かし込む**溶媒能**（solvent power）が求められる。これはフラックスと溶質の間に新しい結合をもたせることに対応するので，一般に，フラックスの結合様式や化学的な性質は，溶質のものと似ている必要がある。

例えば，溶質が金属酸化物の場合，**陽イオン**（cation）である金属イオンと**陰イオン**（anion）である酸素イオンとの間には，おもに静電引力によるイオン結合がはたらいている。この静電引力を弱め，溶液中にこれらのイオンを溶か

し込むには，フラックス自身もイオン結合性を示す必要がある。ここで，イオン結合性の尺度になる各元素の**電気陰性度**(electronegativity：化合物中の結合電子を引き付ける強さの指数)を考えると，酸素(電気陰性度3.5)と同等以上の陰イオンになるのはフッ素(4.0)だけであり，これらのつぎに塩素(3.2)と窒素(3.0)がくる。したがって，この点からも，酸化物の育成に使えるフラックスは酸化物とフッ化物，および一部の塩化物にほぼ限られることがわかる。

　このように，溶質とフラックスの間には十分な相互作用がはたらく必要がある。ただし，この結合力が強すぎると，安定な化合物が新たに生成してしまうので，相互作用は適度な力であることが要求される。具体的には，溶質イオンのまわりでフラックスのイオンが絶えず入れ替われるほどの強さであり[†]，これは4章で述べた溶媒和に対応する。

　溶質が金属間化合物であると，重要な化学結合は金属結合や共有結合になる。この場合は，フラックスとして金属元素がおもに使われる。

〔**2**〕　**溶解度の温度変化が大きい**　　溶液を徐冷することで成長する結晶の総量は，溶解度の温度変化によって決まる。通常，フラックス100 gに対して数 g程度以上の溶解度変化がなければ，1 mm角以上の結晶を徐冷法から得るのは難しいであろう。溶解度は大きいがその温度変化が小さい場合では，フラックスを蒸発させて結晶を成長させることも可能である。ただし，この方法は蒸気圧の高いフラックスに限られ，蒸発したフラックスによる電気炉内壁の損傷が問題になることも多い。

〔**3**〕　**目的物質以外の固溶体や化合物をつくらない**　　目的の化学組成をもった結晶を得るには，結晶とは固溶体をつくらないフラックスを選ぶ必要がある。その一つの方針は，できるだけ溶質と共通した元素を含むフラックスを選ぶことである。自己フラックスが使えれば，置換による固溶体の心配はまったくない。もう一つの方針は，溶質とはなんらかの結晶化学的な違いをもつフラックスを選ぶことである。

[†]　近距離内で電気的中性を保つ必要があるため，溶液中においても陽イオンと直接に配位結合しているのは陰イオンである。

　例えば，溶質のイオンとフラックスのイオンとの間で**イオン半径**（ionic radius）が大きく異なると，結晶中へのフラックスの固溶は抑えられる。これが，酸化物系のフラックスとして，イオン半径の大きい Pb^{2+} や Bi^{3+}，あるいはイオン半径の小さい B^{3+} などが広く使われる一つの理由である。同様にして，金属結晶では**金属結合半径**（metallic radius），共有結合結晶では**共有結合半径**（covalent radius）を考える必要がある。

　結晶中へのフラックスの固溶を抑えるために，溶質とは異なる価数のイオンを使うのも有用である。この点で，V^{5+}，Mo^{6+}，W^{6+} といった高原子価イオンの酸化物はフラックスとして有利である。ただし，価数の異なるフラックスイオンであっても，溶質イオンの価数が変化するか，あるいは電荷を補償する欠陥の形成[†]によって，固溶してしまう場合がある。

　〔4〕　**融 点 が 低 い**　　多くの場合，融点の低いフラックスほど低温で育成実験を行うことができる。溶解度や粘度との兼ね合いにもよるが，結晶育成をできるだけ低温で行うのは二つの点から好ましい。一つは結晶の質であり，低温で成長した結晶ほど一般に欠陥（特に点状欠陥）の数が減少し，さらにるつぼからの汚染が避けられることが多い。

　もう一つは実用上の理由である。つまり，育成温度が低いほど，便利で安価な材質を電気炉やるつぼに利用できる。電気炉やるつぼについては7章でくわしく述べるので，ここではただ，酸化物系フラックスの多くは融点が900℃以下であり，非酸化物系フラックスの融点は多くの場合700℃以下であることを指摘しておこう。

　〔5〕　**育成温度における蒸気圧が低い**　　高温で蒸気圧が高くなるフラックスを徐冷法に利用するには，るつぼを封じる必要がある。また，フラックスの蒸発が激しいと，溶液面で質の悪い結晶が多数成長することが多い。ただし，フラックスの蒸発が適度であれば，結晶の収率が上がり，さらに質のよい結晶が得られる場合もある。

　[†]　例えば，イオンが格子点から抜けた空孔や，ほかの不純物イオンによる置換。

〔**6**〕　**育成温度における粘度が小さい**　　粘度（viscosity）は粘性率や粘性
係数とも呼ばれ，流体物質の流れやすさ・流れにくさを表す物性値である。粘
度の小さい液体はサラサラと流れやすく，粘度の大きい液体はネバネバして流
れにくい。室温において，水の粘度は約 0.01 P（ポワズ，poise），ハチミツの
粘度は約 50 P である。一般に，高温になるほど液体の粘度は急激に減少する。

　粘度の大きい溶液中では，対流やイオンの拡散速度が小さくなり，均一な液
体状態が得られにくい。4 章で見たように，結晶が安定に成長できる速度の大
きさには限度があり，それは溶質イオンが結晶表面に到達し，フラックスイオ
ンが結晶表面から排除される輸送速度に制限されている。したがって，溶液の
粘度が大きいと結晶の成長は不安定になりやすく，結晶に欠陥やフラックスの
内包物が容易に導入されてしまう。フラックスの粘度として理想的な値は
0.1 P 以下であり，最大の限度値は 10 P である[1]。

　例えば，B_2O_3 は徐冷しても容易にガラス化するほど粘度が大きく，そのま
まではフラックスとして使えない。そこで，アルカリ金属塩などを加えて粘度
を減少させると，利用可能なフラックスになる。酸化物に比べると，多くの金
属間化合物ではフラックスや溶液の粘度は小さく，そのため，比較的速い冷却
速度で育成できる。例えば，5℃/h の徐冷速度は通常の酸化物の育成には速
すぎるが，多くの金属間化合物の育成には十分である。

　なお，酸化物の結晶育成において，少量の B_2O_3 をフラックスに加えると，
成長する結晶の大きさや質が大幅に向上することがある。これは，溶液中で溶
質イオンと B_2O_3 の間になんらかの錯体が形成され，粘度が増加すると同時に，
結晶成長の準安定領域が適度に広がるためだと考えられている。この例が示す
ように，粘度の適度な増加は良質な結晶の育成に有益になる場合もある。

　〔**7**〕　**使用するるつぼを腐食しない**　　原則として，るつぼを腐食するフ
ラックスは使えない（ただし例外はあり，例えば，SiC や TaC などの結晶育成
では炭素質のるつぼが原料の一部になる）。るつぼが腐食されると，その材質
が結晶中へ不純物として取り込まれるほかに，ひどい場合には穴を開けて高温
溶液を漏出させてしまう。るつぼの材質については 7 章でくわしく述べられる

が，ここで簡単に触れると，酸化物ではおもに白金るつぼが使われ，金属間化合物ではアルミナやタンタルのるつぼが広く使われる。

〔**8**〕 **成長した結晶の取り出しが容易である**　　成長した結晶をるつぼから回収するには，フラックスと結晶を分離する必要がある。結晶を痛めずに，固化したフラックスだけを溶かす溶剤があれば作業は容易である。この目的には水，硝酸（HNO_3）や塩酸（HCl）などの酸水溶液，あるいは水酸化ナトリウム（NaOH）などのアルカリ水溶液が使われる。

もし適切な溶剤がない場合は，高温で液体状態のフラックスを結晶から分離する。空気中の育成で，るつぼに封をしない実験であれば，**トング**（tongs：るつぼばさみ）を使って液体のフラックスを流し出す。多くの金属間化合物のように，石英管中に原料を封入して育成するものでは，遠心分離法によってフラックスと結晶を分離する。これらの実験手順については8章で述べる。

〔**9**〕 **毒 性 が 低 い**　　すべての試薬はなんらかの有害性を示すといえるが，特に毒性が強く，少量でも身体を害するものは，「毒物及び劇物取締法」によって毒物または劇物に指定されている。毒物は，許容濃度（吸入）50 ppm 未満または $50\,mg/m^3$ 未満のもの，あるいは経口致死量 30 mg 未満のものであり，As，Be や Hg の化合物などが含まれる。劇物は許容濃度（吸入）50 ppm 以上 200 ppm 未満または $50\,mg/m^3$ 以上 $200\,mg/m^3$ 未満のもの，あるいは経口致死量 30 mg 以上 300 mg 未満のものであり，Cd や Pb の化合物といったものが含まれる。

注意深さが要求される実験中に，誤って試薬を飲み込むといった状況は考えにくい。それよりも，実験によって試薬の蒸気や粉じんを体内に吸入してしまう危険性を問題にする必要がある。特に劇物は急性中毒を起こすことは少ないが，長期間にわたって接取すると慢性中毒によって健康を害してしまう。できるだけ毒性の低い試薬を使うことが好ましいのはいうまでもないが，いずれにしても使用する試薬の特性や注意点を完全に把握して，十分な対策を立てたうえで実験を始めたい。これは人体への有害性だけでなく，試薬の発火性や引火性，腐食性といった危険性に対しても同じである。

　なお，使用可能な試薬類については，所属グループや所属機関が独自のルールを設定していることも多く，各自確認する必要がある。

〔10〕　**高純度の試薬が安価で手に入る**　　試薬会社のカタログやホームページを眺めると，試薬の価格は物質によって大きく異なり，さらに純度によっても大幅に変わることがわかる。フラックス法では 3N（N は nine の略で，99.9％ のこと）や 4N 程度の純度をもった試薬が使われることが多い。

　使用する試薬の純度が 3N より低いと，はたして十分に純良な結晶が得られるのか怪しくなる。一方，結晶の質は試薬の純度以外によって決まる部分も大きく，また，溶液からの結晶成長には不純物を排除する効果も期待できるため，不必要に高価な高純度試薬を始めから使用するのは賢明でない。

　もちろん，育成条件が十分に絞り込まれており，結晶の純度に敏感な物性を調べるのが目的であれば，できるだけ純度の高い試薬を使用するのが好ましい。ただし，物質ごとに入手できる純度の上限があるため，一部の試薬だけ高純度にしてもあまり意味はない。

　以上，本節では理想的なフラックスの性質を考えた。ここで繰り返すと，フラックスとは，必ずしも一つの化合物（あるいは元素）を指すのではなく，複数の化合物（あるいは元素）の混合物である場合も多い。例えば，適切な化合物を混合することで，高い溶媒能を維持したまま蒸気圧を大幅に下げたフラックスが得られる場合がある。また，混合によって粘度や育成温度を下げ，結晶の大きさや形状を改善させた例も数多い。**図 6.1** に一例を示したように，微

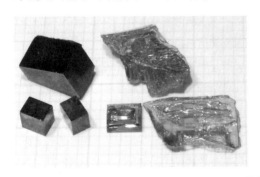

右側は $PbO-PbF_2-B_2O_3$ 系のフラックスから成長し，左側はそのフラックスに 4wt％ の MoO_3 を加えたものから成長した。

図 6.1　$PrAlO_3$ の結晶

量の添加物が結晶成長に大きな影響を与えることもある。

6.3　酸化物系の代表的なフラックス

　ある結晶をフラックス法で育成しようとするとき，そのフラックスとしてな
にが適切かを理論的に予測するのは難しい。フラックスの選択指針を図式化し
た試みもいくつかあるが[2]，あまり窮屈に考えすぎると，逆に適切なものを見落
とす可能性もある。そこで，便宜的な選択方法として，類似物質からの類推も
含め，過去の多くの実験結果から経験的に割り出すことが広く行われている。

　多くの例が記載された文献としては，D.Elwell と H.J.Scheel の本[1]があり，
1975 年までの研究が網羅されている。また，B.M.Wanklyn の総説[3]にも 1975
年までの多数の実験例（おもに酸化物とフッ化物の育成）が記されている。さ
らに最近の例として，巻末の付録の A.2 節には，1975 年以降に『Journal of
Crystal Growth』誌に発表されたフラックス法の論文を記載した。

　本節では，酸化物結晶の育成に利用されている代表的なフラックスを解説す
る。**表 6.1** はそれらの融点や沸点など基本的な性質である。また，それらの
フラックスから育成された結晶の例として，上記の文献 1),3)から抜き出した
ものを**表 6.2** に示す。

　これらの表にあるフラックスは，似たものを一括して以下の五つのグループ
に分類することができる。

1．鉛およびビスマスの酸化物とフッ化物
2．ネットワーク構造を形成する酸化ホウ素
3．錯形成するモリブデン酸塩とタングステン酸塩
4．単純イオン性のアルカリ塩
5．酸化剤としてのアルカリ水酸化物

表 6.1　酸化物系育成用の代表的なフラックス

フラックス	融点〔℃〕	沸点〔℃〕[*1]	溶剤	密度[*2]	フラックス	融点〔℃〕	沸点〔℃〕[*1]	溶剤	密度[*2]
PbO	886	1 472	HNO₃	9.53	Li₂O-MoO₃	> 532	–	アルカリ	–
PbF₂	855	1 293	HNO₃	8.445	Na₂O-MoO₃	> 499	–	アルカリ	–
PbCl₂	501	950	H₂O	5.85	K₂O-MoO₃	> 480	–	アルカリ	–
Bi₂O₃	817	1 890	HNO₃	8.90	WO₃	1 473	1 700	アルカリ	7.16
BiF₃	727	1 027	HNO₃	5.32	Li₂O-WO₃	> 695	–	アルカリ	–
PbO-B₂O₃	> 493	–	HNO₃	–	Na₂O-WO₃	> 480	–	アルカリ	–
PbO-PbF₂	> 495	–	HNO₃	–	K₂O-WO₃	> 550	–	アルカリ	–
PbO-PbF₂-B₂O₃	> 494	–	HNO₃	–	LiF	845	1 676	H₂O	2.635
PbO-V₂O₅	> 480	–	HNO₃	–	LiCl	605	1 382	H₂O	2.068
Bi₂O₃-V₂O₅	> 817	–	HNO₃	–	NaF	993	1 704	H₂O	2.558
Bi₂O₃-B₂O₃	> 622	–	HNO₃	–	NaCl	801	1 413	H₂O	2.165
B₂O₃	450	1 860	H₂O	2.55	KF	858	1 502	H₂O	2.48
LiBO₂	849	–	HNO₃	2.223	KCl	770	1 420	H₂O	1.984
Li₂B₄O₇	930	–	HNO₃	–	CaCl₂	772	1 635	H₂O	2.15
NaBO₂	966	1 434	H₂O	2.46	SrCl₂	874	1 250	H₂O	3.052
Na₂B₄O₇	743	1 575	H₂O	–	BaCl₂	962	1 560	H₂O	3.856
KBO₂	950	–	H₂O	–	CdCl₂	568	964	H₂O	4.047
K₂B₄O₇	815	–	H₂O	–	Li₂CO₃	723	1 310	H₂O	2.11
BaO-B₂O₃	> 740	–	HNO₃		Na₂CO₃	851	1 600	H₂O	2.54
V₂O₅	690	1 750	酸	3.357	K₂CO₃	891	–	H₂O	2.43
LiVO₃	616	1 750	H₂O	–	NaOH	318	1 388	H₂O	2.13
NaVO₃	630	–	H₂O	–	KOH	360	1 327	H₂O	2.12
MoO₃	795	1 155	酸	4.69					

[*1] あるいは分解温度
[*2] 室温付近の値〔g/cm³〕

表6.2　酸化物結晶の育成例

フラックス	結晶*
PbO	RAlO$_3$, PbFe$_{12}$O$_{19}$, PbFe$_{1/2}$Ta$_{1/2}$O$_3$, PbFe$_{1/2}$Nb$_{1/2}$O$_3$, PbMg$_{1/3}$Nb$_{2/3}$O$_3$, PbSc$_{1/2}$Nb$_{1/2}$O$_3$, RFeO$_3$, R_3Fe$_5$O$_{12}$, LaZn$_{1/2}$Ru$_{1/2}$O$_3$, LiFe$_5$O$_8$, Mg$_2$SiO$_4$, CaSiO$_3$, CaMg(SiO$_3$)$_2$, NiFe$_2$O$_4$, ZnFe$_2$O$_4$, ZnRh$_2$O$_4$, R_2GeO$_5$, R_2Ge$_2$O$_7$
PbF$_2$	PbTiO$_3$, Al$_2$O$_3$, MnO, ZnO, NiO, Ga$_2$O$_3$, In$_2$O$_3$, SnO$_2$, ZrO$_2$, CeO$_2$, SrTiO$_3$, LaNbO$_4$, Bi$_2$Sn$_2$O$_7$, PbZrO$_3$, Pb$_3$Ta$_4$O$_{13}$, MgO, BeO, TiO$_2$, HfO$_2$, ThO$_2$, NpO$_2$, RCrO$_3$, RMnO$_3$, SrTiO$_3$, MgAl$_2$O$_4$, MgFe$_2$O$_4$
Bi$_2$O$_3$	Bi$_4$Ti$_3$O$_{12}$, (Ba, Bi)FeO$_3$, Bi$_2$Fe$_4$O$_9$, Fe$_2$O$_3$, RCrO$_3$, RMnO$_3$, R_2GeO$_5$, R_2SiO$_5$, R_2Ge$_2$O$_7$
PbO-B$_2$O$_3$	PbTiO$_3$, Al$_2$O$_3$, BeO, Ga$_2$O$_3$, Fe$_2$O$_3$, In$_2$O$_3$, RFeO$_3$, Y$_3$Fe$_5$O$_{12}$, LiFe$_5$O$_8$, LiGaO$_2$, RBO$_3$, LiAlO$_2$, MgFe$_2$O$_4$, NiFe$_2$O$_4$
PbO-PbF$_2$	PbFe$_{12}$O$_{19}$, PbSc$_{1/2}$Ta$_{1/2}$O$_3$, PbMn$_2$O$_4$, Al$_2$O$_3$, Fe$_2$O$_3$, Mn$_3$O$_4$, ZnO, CeO$_2$, RAlO$_3$, R_3Al$_5$O$_{12}$, LaNi$_{1/2}$Ru$_{1/2}$O$_3$, LaNi$_{1/2}$Ir$_{1/2}$O$_3$, LaMg$_{1/2}$Ru$_{1/2}$O$_3$, RFeO$_3$, R_3Fe$_5$O$_{12}$, R_3Ga$_5$O$_{12}$, RMnO$_3$, (La, Pb)MnO$_3$, BeAl$_2$O$_4$, CoFe$_2$O$_4$, CuFe$_2$O$_4$, MgGa$_2$O$_4$, ZnGa$_2$O$_4$, RMn$_2$O$_5$, R_3NbO$_7$, ROF, R_2Ti$_2$O$_7$, NiFe$_2$O$_4$, FeBO$_3$, (Cr, Mn)$_3$O$_4$
PbO-B$_2$O$_3$-PbF$_2$	MgAl$_2$O$_4$, Y$_3$Fe$_5$O$_{12}$
PbO-V$_2$O$_5$	RVO$_4$, TiO$_2$, Fe$_2$O$_3$, Ga$_2$O$_3$, ThO$_2$, Fe$_2$TiO$_5$, NiTiO$_3$, GaFeO$_3$, PbTa$_2$O$_6$
Bi$_2$O$_3$-V$_2$O$_5$	RVO$_4$, Al$_2$O$_3$, Ga$_2$O$_3$, Cr$_2$O$_3$, Fe$_2$O$_3$, R_3Al$_5$O$_{12}$, R_3Fe$_5$O$_{12}$, NiFe$_2$O$_4$, RNbO$_4$
Li$_2$O-B$_2$O$_3$	Cr$_2$O$_3$, Fe$_2$O$_3$
Na$_2$O-B$_2$O$_3$	ThO$_2$, BeO, Al$_2$O$_3$, TiO$_2$, NiO, Mn$_3$O$_4$, Fe$_2$O$_3$, Fe$_3$O$_4$, ZrO$_2$, HfO$_2$, CeO$_2$, UO$_2$, MgO, Cr$_2$O$_3$, In$_2$O$_3$, (Zn, Sb)$_3$O$_4$, ThTi$_2$O$_6$
BaO-B$_2$O$_3$	BaNb$_2$O$_6$, BaZn$_2$(Fe, Al)$_{12}$O$_{22}$, BaTa$_2$O$_6$, BaTiO$_3$, Ba(Lu, Ta)O$_3$, NiO, Y$_3$Fe$_5$O$_{12}$, Y$_3$Al$_5$O$_{12}$, RFeO$_3$, NiFe$_2$O$_4$
V$_2$O$_5$	LiAlSiO$_4$, VO$_2$, V$_2$O$_3$, FeVO$_4$
Li$_2$O-V$_2$O$_5$	ZrSiO$_4$
Na$_2$O-V$_2$O$_5$	RVO$_4$, Fe$_2$O$_3$
Li$_2$O-MoO$_3$	Li$_2M_2$(MoO$_4$)$_3$ (M = Co, Ni, Cu), BeO, TiO$_2$, SiO$_2$, GeO$_2$, MoO$_3$, CeO$_2$, WO$_3$, ThO$_2$, NpO$_2$, CaWO$_4$, Al$_2$SiO$_5$, CaTiSiO$_5$, Zn$_2$SiO$_4$, ZrSiO$_4$, R_2SiO$_5$, HfSiO$_4$, ThSiO$_4$, ZrTiO$_4$, Be$_2$SiO$_4$
Li$_2$O-WO$_3$	LiR(WO$_4$)$_2$, CeO$_2$, GeO$_2$, ThO$_2$, BeO, ZrSiO$_4$, HfSiO$_4$, ThSiO$_4$
Na$_2$O-MoO$_3$	(Cr, Mn)$_3$O$_4$, Al$_2$(WO$_4$)O$_3$
LiCl	LiMPO$_4$ (M = Fe, Mn, Co, Ni)
NaCl	TiO$_2$, CaO, CoO, NiO, CuO, CaSiO$_3$, CaMoO$_4$, CaWO$_4$, SrSO$_4$, BaSO$_4$
KF	K$_2$Fe$_{12}$O$_{19}$, K$_2$Ga$_{12}$O$_{19}$, K$_2$Ge$_4$O$_9$, CeO, PbTiO$_3$, CdTiO$_3$, CeAlO$_3$, SrTiO$_3$, BaTiO$_3$, Y$_4$Si$_3$O$_{12}$, R_2Si$_2$O$_7$, R_2O(SiO$_4$), Bi$_2$Sn$_2$O$_7$
CaCl$_2$	Ca$_5$(PO$_4$)$_3$Cl, CaMn$_2$O$_4$, Ca$_2$Nb$_2$O$_7$, CaCr$_2$O$_4$, CaRuO$_3$
SrCl$_2$	Sr$_2$NiWO$_6$, SrRuO$_3$
BaCl$_2$	BaTiO$_3$, BaFeO$_{19}$, BaWO$_4$, BaB$_2$O$_4$, BaTi$_3$O$_7$
Na$_2$CO$_3$	NaNbO$_3$, NaLaFe$_{12}$O$_{19}$, BaFe$_{12}$O$_{19}$
K$_2$CO$_3$	KNbO$_3$, K$_4$Nb$_6$O$_{17}$, KTaO$_3$
KOH	KNbO$_3$, MgO

*R = 希土類金属，ただし，必ずしもすべての希土類金属という意味ではない

6.3.1　鉛およびビスマスの酸化物とフッ化物

PbO，PbF$_2$，および Bi$_2$O$_3$ は，1 200℃以上で多くの酸化物をよく溶かすフラックスである。これらはそれぞれ単独で使われるほか，相互に組み合わせたり B$_2$O$_3$ を混合したりして，性能を高めることも多い。特に，PbO－B$_2$O$_3$，PbO－PbF$_2$，および PbO－PbF$_2$－B$_2$O$_3$ は，酸化物系の最も代表的なフラックスといえる。ただし，PbO と PbF$_2$ は劇物に指定されている有害物質であり，近年では使用を避けられる傾向がある。これらのフラックスには白金るつぼのみが使用可能であり，大気中 1 300℃から 700℃程度の温度範囲内で結晶育成が行われることが多い。

Pb^{2+}や Bi^{3+}の高い溶媒能は，これらが大きい**分極率**（polarizability：まわりのイオンによる電子雲のゆがめられやすさ）を示し，さらに電子配置が $(6s)^2$ の**孤立電子対**（lone pair）をもつことに関係付けられている[†]。また，これらのフラックスからは良質で大型の結晶が成長しやすく，それは Pb^{2+}や Bi^{3+} が溶質イオンと適度に複雑な錯体を形成し，過飽和溶液中の準安定領域が広がるためだと考えられている。

PbO は単独でフラックスとして使用されることは多くない。これは，高温における PbO の高い蒸気圧は B$_2$O$_3$ との混合によって減少し，さらに PbF$_2$ や B$_2$O$_3$ との混合で溶媒能が向上する場合が多いからである。また，PbO は高温（特に 1 300℃以上）で Pb へと還元されやすく，Pb は白金と容易に合金をつくって白金るつぼを侵食する。PbF$_2$ は PbO と比べて還元の傾向が小さく，るつぼの腐食を抑えるためにも PbO に PbF$_2$ や B$_2$O$_3$ を加えるのは有効である。なお，結晶育成中の雰囲気を酸化性に維持するためには，空気か酸素ガスを電気炉に流すか，原料 PbO の一部を PbO$_2$ か Pb$_3$O$_4$ で置き換えることが有効である。

PbF$_2$ は高温の蒸気圧がきわめて大きい。そのため，白金るつぼのふたと本体を溶接せずに密着させるだけでは，PbF$_2$ の蒸発損失を完全に防ぐのは難し

[†]　これと関連した話として，H$_2$O も大きい分極率と孤立電子対をもち，この特性によって水は NaCl など多くの単純イオン結晶をよく溶かす。

い。一方，PbF_2 の大きな蒸気圧を利用して，蒸発法による結晶育成が可能になる。ただし，PbF_2 や PbO の蒸気は人体に対して有害なだけでなく，電気炉の保護材など多くの材質を腐食するので，注意と対策が必要になる。なお，Pb^{2+} はアルカリ土類金属の Ba^{2+}，Sr^{2+}，Ca^{2+} とイオン半径が似ているため，結晶中でこれらのイオンを置換しやすい。

Bi_2O_3 は PbF_2 や PbO と比べて蒸気圧が低くなるが，鉛系に比べると溶媒能も低くなることが多い。Bi_2O_3 は容易に Bi へと還元されて白金るつぼを侵すので，結晶育成中はつねに酸化雰囲気を保つ必要がある。Bi_2O_3 の還元を防ぐ有効な方法としては，V_2O_5 の添加がある[3]。これは，Bi_2O_3 よりも V_2O_5 が優先的に VO_2 や V_2O_3 へと還元され，そこで放出された酸素が Bi_2O_3 の還元を抑えることによる。

Bi_2O_3 は希土類金属イオンをよく溶かすフラックスであるが，大きな希土類（例えば，La^{3+}）と Bi^{3+} のイオン半径が似ているため，これらを数％以上も置換することがある。ただし，イオン半径の小さい希土類金属イオンでは置換の程度も小さくなり，例えば，$YMnO_3$ では Bi_2O_3 のフラックスから良質な結晶が得られている[4]。

6.3.2 ネットワーク構造を形成する酸化ホウ素

B_2O_3 は鉛系フラックスへの有用な添加物としてすでに登場したが，B_2O_3 を主成分とするフラックスも広く利用されている。B_2O_3 は融点が 450℃ と低く，蒸気圧や毒性が低いことに加えて，多くの酸化物を溶かし込む。さらに白金るつぼを腐食せず，結晶中のほとんどのイオンと置換しないという利点がある。しかし，その液体は B-O 結合からなるネットワーク構造を形成し，粘度は非常に大きい。そのため，B_2O_3 は単独のフラックスとして使用できず，アルカリ金属イオンなどの添加によって B-O 結合の鎖を切断し，粘度を十分に下げる必要がある。実際にフラックスとして多く使われるのは $Na_2B_4O_7$ と $Li_2B_4O_7$ であり，これらは試薬として購入するか，あるいは Na_2CO_3（Li_2CO_3）と B_2O_3 から合成する。

B^{3+}やアルカリ金属のイオンはイオン化傾向が大きく，したがって，それぞれの金属へと還元されにくい。そのため，これらのフラックスは酸素分圧の低い還元雰囲気でも利用でき，低原子価の遷移金属イオンを含む酸化物の育成に有用である。その例をいくつか挙げると，（1）$LiBO_2 - LiCl - Li_2MoO_4$ をフラックスとし，石英管中に白金るつぼを封入して LiV_2O_4 を育成した例[5]，（2）$Na_2B_4O_7$ をフラックスとして，1 ppm の酸素を含む2気圧のアルゴン雰囲気中で Fe_3O_4 を育成した例[6]，（3）$A_2B_4O_7 (A = Li, Na, K)$ をフラックスとして，酸素分圧が 10^{-8} 気圧の窒素ガス中で MoO_2 を育成した例[7]，などがある。

B_2O_3 に BaO を混合したものは，高温でも蒸気圧の低い便利なフラックスとして過去に報告されている。ただし，このフラックスは粘度が大きく，過度の結晶核が発生するため，よい結晶は得られにくい。多くの場合，このフラックスの適用は，種子結晶を使う溶液引き上げ法に限られている。

6.3.3　錯形成するモリブデン酸塩とタングステン酸塩

MoO_3 や WO_3 を主成分としたフラックスも，酸化物結晶の育成に広く利用されている。化学的な類似性から，V_2O_5 もこのグループに含められる。これらはそのままでは蒸気圧が高く，多くの場合は A_2MO_4 や $A_2M_2O_7 (A = Li, Na, K ; M = Mo, W)$ のモリブデン酸塩やタングステン酸塩として使われる。とりわけモリブデン酸塩は，鉱物物質である多くのケイ酸塩の結晶育成に有用なフラックスである。V_2O_5 はモリブデン酸塩やタングステン酸塩フラックスへの添加物として使われることも多い。

これらのフラックスは，溶媒としてのメカニズムが具体的に説明された例として有名である[8]。すなわち，その研究では $Na_2W_2O_7$ をフラックスにとり，ルイスの酸塩基理論を適用することで，溶質の溶解現象と結晶化を説明した。$Na_2W_2O_7$ は，**ルイス酸**（Lewis acid）である WO_3 と**ルイス塩基**（Lewis base）である Na_2WO_4 との中和生成物と見ることができ，高温の溶融液中ではこれらの酸と塩基に解離する。

$$Na_2W_2O_7 = Na_2WO_4 （ルイス塩基） + WO_3 （ルイス酸）$$

　ここで，ルイス酸とは電子対を受容して共有結合を形成するもの，ルイス塩基とは電子対を供与するものと定義される。この溶融液中に塩基性の性質をもった溶質（この研究[8]ではスピネル型の酸化物）が存在すると，それはルイス酸の WO_3 と錯体を形成することで溶解する。つぎに，温度をゆっくり下げていくと，この錯体はルイス塩基の Na_2WO_4 と反応する。この作用によって溶質は錯体から遊離し，その結晶化が進むことになる。

6.3.4　単純イオン性のアルカリ塩

　一般に，アルカリ金属の塩化物やフッ化物のフラックスは錯イオンを形成する傾向が小さく，酸化物に対する溶媒能は低い。そのため，これらのフラックスから 1 mm 角以上の大きな結晶が得られた例はあまり多くない。このグループの中で有名なのは KF であり，歴史的には $BaTiO_3$ のフラックス[9]として知られ，最近では $Pr_2Ir_2O_7$ や $Eu_2Ir_2O_7$ のフラックス[10]として報告されている。これらのハロゲン化アルカリは蒸気圧が高いため，共晶混合物を使って育成温度を下げるのが有効である。塩化物は高温で白金るつぼを侵すため，代わりにアルミナるつぼが使われることが多い。

　炭酸アルカリ塩は自己フラックスとしておもに利用され，例えば，$KTaO_3$ や $KNbO_3$ は K_2CO_3 フラックスから育成される[11]。近年では，白金族遷移金属（Ru，Rh，Pd，Os，Ir，Pt）の酸化物に対するフラックスとして炭酸アルカリ塩が使用された例もある[12]。

　アルカリ土類金属のハロゲン化物は，アルカリ金属のものと似た性質を示す。$CaCl_2$，$SrCl_2$，$BaCl_2$ は，同じアルカリ土類金属を含む遷移金属酸化物のフラックスとして利用される。その例としては，$SrRuO_3$，$CaRuO_3$，および Sr_2NiWO_6 がある[13),14]。

6.3.5　酸化剤としてのアルカリ水酸化物

　アルカリ水酸化物は，多くの点で，これまでに挙げたフラックスとはかなり異なる性質を示す。まず，融点は NaOH の 318℃ や KOH の 360℃ など非常に

低く，共晶混合物では200℃以下の融点を示すものもある。また，ペレット状のアルカリ水酸化物を大気中に放置すると，潮解によってアルカリ水溶液になってしまう。これを脱水するには，500℃程度で融液にしたものを窒素かアルゴン気流中で加熱する必要がある。

　溶融したアルカリ水酸化物において，水酸化物イオン OH^- は，$2OH^- = H_2O + O^{2-}$ の化学式によって，水と O^{2-} イオンとの平衡関係にある。ここで，O^{2-} は空気中の酸素 O_2 と反応し，過酸化物イオン O_2^{2-} や超過酸化物イオン O^- を形成する。O_2^{2-} や O^- は強酸化剤であるため，通常は高酸素圧下でのみ合成できる高原子価の遷移金属酸化物を大気中で育成することが可能になる。その成功例としては，NaOH フラックスによって育成された $Ba_2NaOsO_6(Os^{7+})$ や $Ba_3Mn_2O_8$（Mn^{5+}）がある [15]。

　酸化剤としてはたらく O_2^{2-} や O^- のイオンは，空気中にある O_2 によって生成されるので，るつぼを密封するとフラックスの酸化力は抑制される。したがって，酸化の効果を積極的に利用する実験では，蒸発を抑える目的でふたを軽く置く程度にする。このような実験には，アルミナ質のるつぼがおもに使われる。一方，完全に密封した状態で結晶育成を行う場合には，銀チューブがるつぼとして用いられる。銀チューブの端を数回折り，酸素–プロパン炎で加熱すれば，容易に溶接密封できる。

　アルカリ土類金属の水酸化物も同様に，フラックスとして用いられることがある。水酸化物系フラックスの化学的性質や利用例について，最近いくつかの総説が報告されている [12), 16)]。

6.3.6　ほかに考慮する点

　6.3.1 ～ 6.3.5 項において，酸化物系の代表的なフラックスを五つのグループに分類した。これらの分類は厳密なものではなく，別のグループに属するフラックスを混合して利用することも多い。もし，目的結晶中の成分として代表的なフラックスが含まれるか，あるいは代表的なフラックスと同じ金属イオンが含まれる場合，そのフラックスは選択に際して有力な候補になる。

一方，前述のグループに含まれない酸化物を自己フラックスとして用いることもある。その例としては，La_2CuO_4 や $CuGeO_3$ の育成に使う CuO，および $BaTiO_3$ の溶液引き上げ法に使う TiO_2 が挙げられる。これらのほかにも，目的結晶中の一部の低融点成分を過剰に仕込み，フラックスに加えることも多い。

この最後の点，つまり実際どの成分を過剰にすればよいかの説明として，Wanklyn の経験則[17]を以下で簡単に紹介しておこう。この経験則は2種類以上の金属を含む複酸化物の結晶育成を対象としており，その適切な出発組成を予測するものである。

まず，溶質とフラックスを合わせた調合物全体について，それは，①**高融点酸化物**，②**酸性酸化物**，および③**塩基性酸化物**，の3グループ（成分）から構成されていると考える。

ここで考える酸性や塩基性の酸化物とは，H.Lux と H.Flood の定義によるものである。すなわち，酸性酸化物は溶融体中で O^{2-} イオンの受容体になるもので，塩基性酸化物は O^{2-} イオンの供与体になるものである[18]。例えば，YVO_4 の結晶を PbO フラックスから育成する場合，①は Y_2O_3，②は V_2O_5，そして③は PbO に対応する。

多くの典型金属酸化物は塩基性を示し，高温溶液中で単純な金属イオンと O^{2-} に解離する。一方，B_2O_3 や SiO_2 など非金属元素の酸化物，および V_2O_5，MoO_3，WO_3 などの高原子価酸化物は酸性であり，フラックス溶液中で O^{2-} を受容する。つまり，B^{3+}，Si^{4+}，V^{5+}，Mo^{6+}，W^{6+} といった遊離状態のイオンは溶液中に存在せず，MoO_4^{2-} や $Mo_2O_7^{2-}$ などの錯陰イオン，あるいは，さらに複雑な陰イオンの会合体（特に B_2O_3 や SiO_2 の場合）として存在する。

さて，Wanklyn の経験則とは，「目的の複酸化物結晶に含まれている①の高融点酸化物と②の酸性酸化物の成分の融点差が500℃以上になる場合，②を過剰に仕込む必要がある」というものである[†]。例えば，YVO_4 では①の Y_2O_3 が融点2 410℃，②の V_2O_5 が融点690℃であり，両者の融点差は大きい。そこ

---

† これは5章の分解飽和の例（図5.5（b））に対応している。

で，V_2O_5 を過剰に仕込む必要がある。ただし，大きい結晶を得るには，過剰にする②の量は必要最小限に抑え，③のフラックスの一部をフッ化物に置き換える（前述の例では，$PbO \rightarrow PbF_2$）とよいと指摘されている[17]。

6.4　金属間化合物系の代表的なフラックス

　金属間化合物は2種類以上の金属や半金属・半導体元素によって構成される化合物であり，一般に，酸化物よりも共有結合性や金属結合性が強い。また，高温では酸素と反応するため，不活性雰囲気中で結晶を育成する必要がある。これらの理由から，酸化物系で利用されるフラックスの多くは金属間化合物には利用できない。ただし，重要な例外は塩化物フラックスであり，これらは特にセレン化物や硫化物のフラックス育成に利用される。

　表6.3 には，金属間化合物系の代表的なフラックスと，それらの基本的な性質が記されている。また，育成結晶例[1),19),20)] を**表6.4** に示した。これらの

表6.3　金属間化合物系育成用の代表的なフラックス

フラックス	融点〔℃〕	沸点〔℃〕	溶剤	密度*
Al	660	2 470	HCl	2.70
Cu	1 085	2 562	HNO₃	8.96
Zn	420	907	HCl	7.14
Ga	30	2 400	HNO₃	5.91
Cd	321	767	HNO₃	8.65
In	157	2 072	HNO₃	7.31
Sn	232	2 602	HCl	7.265
Sb	631	1 635	HNO₃	6.697
Hg	− 39	357	HNO₃	13.534
Pb	327	1 749	HNO₃	11.34
Bi	272	1 564	HNO₃	9.78

*室温付近の値〔g/cm³〕

表6.4　金属間化合物の育成例

フラックス	結晶*
Al	TiB_2, ZrB_2, $RAlB_4$, RB_4, RB_6, RBe_{13}, UBe_{13}, Si, Ge, RAl_3, AlAs, AlB_2, Al_3Er, AlP, AlSb, $MnAl_6$, $NiAl_3$
Cu	RRh_4B_4, RCu_2Si_2, V_3Si, RIr_2, UIr_3, MnSi
Zn	InSb, GaSb, InAs, Si, Ge, ZnSe, ZnTe
Ga	Si, Ge, GaSb, RSb, $R_2Pt_4Ga_8$, CdS, GaAs, GaP, GaSb, Ga_2Se_3, $MnGa_6$, VGa_5, ZnS, ZnSe, ZnTe
Cd	CdS, CdSe, $CdSnP_2$, CdTe, Ge
In	RCu_2Si_2, Si, Ge, RIn_3, RCu_2Ge_2, RNi_2Ge_2, CdS, $CuGa_{1-x}In_xS_2$, InAs, InP, InS, InSb, ZnS, ZnSe, ZnTe
Sn	RCu_2Si_2, $R_3Rh_4Sn_{13}$, RFe_4P_{12}, $ZnSnP_2$, GaSb, GaP, $ZnSiP_2$, $CdSiP_2$, RSn_3, TiNiSn, MnSnNi, RSb, $CdGeP_2$, CdS, CdSe, $CdSiAs_2$, $CdSnP_2$, CdTe, CuP_2, Ge, $MgGeP_2$, Nb_3Sn, Si, $SnZnAs_2$, $ZnGeP_2$, ZnS, ZnSe, $ZnSnAs_2$, $ZnSnP_2$, $ZnSnSb_2$, ZnTe, $CdSnP_2$, $ZnSnSb_2$
Sb	$ZnSiP_2$, $CdSiP_2$, RSi_2, RSb_2, $U_3Sb_4Pt_3$, $PtSb_2$, GaSb, Ge, ZnSb
Hg	InSb, HgS, HgSe, HgTe, Mn_5Ge_3, Mn_5Si_3, Ni_2Si, Pt_2Si, RGe_2, RN, RSi_2
Pb	RPt_2, GaSb, RPb_3, RPbPt
Bi	UPt_3, PtMnSb, NiMnSb, UAl_3, UIr_3, GaP, $ZnSiP_2$, $CdSiP_2$, YPd, RBiPt, $R_3Bi_4Pt_3$, RBi_2, CdS, CdSe, CdTe, $ZnGeP_2$, ZnS, ZnSe, ZnTe

*R = 希土類金属，ただし，必ずしもすべての希土類金属という意味ではない

表から明らかなように，金属間化合物では低融点の典型金属元素をフラックスとして使用することが多い。これらの金属は室温の空気中で比較的安定であり，取り扱いに便利である。これらの金属を混合してフラックスに利用することもあるが，その例は酸化物系の混合フラックスと比べて少ない。

　なお，金属フラックスとしてはNa（融点98℃）やLi（融点179℃）も有用であり，近年では，GaNなど窒化物用のフラックスとしても研究されている。しかし，これらのアルカリ金属は空気に対する反応性が非常に高く，取り扱いが困難であるため，ここでは除外した。また，高圧下でのダイヤモンド育成に使われるFe，Co，NiフラックスはNbC，TaC，TiCなどの高融点炭化物にも使用され[21]，Te（融点450℃）は$NiS_{2-x}Se_x$やFeS_2などのフラックスとして

利用されるが[22),23)]，これらもやや特殊なので表には含めていない。

　代表的な金属フラックスが目的結晶中の成分として含まれるのであれば，それを自己フラックスとして試すのが有力な選択基準になる。それ以外の場合，一般に，どのフラックスが適しているかを予測するのは難しい。しかし，特定のフラックスが結晶化学的に類似した物質群に対して共通に有効であることは多い。例えば，122系と呼ばれる $R_2T_2Si_2$ や $R_2T_2Ge_2$（R = 希土類金属，および U, T = 遷移金属）では In か Sn がフラックスとして用いられ，RB_4 や RB_6（R = 希土類金属）などのホウ化物では Al が使われる。このため，一つの結晶育成の成功が物性研究の大きな突破口となった例は数多い[24)]。

　もし，表6.3に示した代表的なフラックスで所望の結晶が得られない場合は，結晶を構成する元素の組み合わせに融点の低い組成があるかを調べるとよい。例えば，RNi_2B_2C の結晶育成に最適なフラックスは Ni_2B であり[25)]，この組成の融点は比較的低い 1 125℃である。また，$BaFe_2As_2$ やその関連物質の育成には FeAs（融点は 1 070℃）が自己フラックスとして使われる[26)]。こういったフラックスを探索するときは，すでに存在する相図（類似物質のものを含めて）をできるだけ活用するのがよい方法になる。

7章

電気炉，るつぼ，および原料試薬

結晶をつくるには，適切な電気炉，るつぼ，および原料試薬を準備する必要がある。これらの性質や特徴について，本章では，実際にフラックス法の実験を進めていく視点から取り上げてみよう。実験を安全に進めて成功へと導くためにも，使用する装置や材料に関する知識は欠かせない。

7.1 電 気 炉

一般に**電気炉**（electric furnace）という言葉には，広い意味のものと狭い意味のものがある。最も広い意味では，エネルギー源として電気を使って高温を得る炉のすべてを電気炉と呼び，その中には抵抗加熱炉，高周波誘導加熱炉，赤外線集中炉，アーク炉，電子ビーム炉，レーザー加熱炉，プラズマジェット炉など，一般的なものから特殊なものまで，さまざまな加熱手段のものが含まれる。電気をまったく使わない炉としては，ガスなどの燃焼炎を使った炉や，太陽光炉などがある。

一方，狭い意味でいう電気炉とは，抵抗加熱炉のことである。フラックス法では，普通の実験室にあるような汎用型の抵抗加熱炉がほとんどの場合に使われ，本節でも典型的なフラックス育成に適した抵抗加熱炉とはなにかを考える。そこで，以下では電気炉＝抵抗加熱炉としてとらえていただきたい。

さて，抵抗加熱炉とは，**発熱体**（heating element）と呼ばれる導電体に電気を流し，そのときに発生する抵抗熱（ジュール熱）を使って加熱する電気炉である。この加熱方法はオーブントースターやヘアードライヤーのものと同じで

あり，使用目的の温度に応じていろいろな材質の発熱体が使われる（7.1.4項
参照）。ジュールの法則から，発生する抵抗熱は発熱体の電気抵抗の大きさに
比例し，そこに流れる電流の2乗に比例する。そのため，発熱体に加える電力
を調節することで，フラックス法に必要な700 ～ 1 300℃程度の温度は容易に
得られる。電気炉のしくみを表す概念図を**図7.1**に示した。

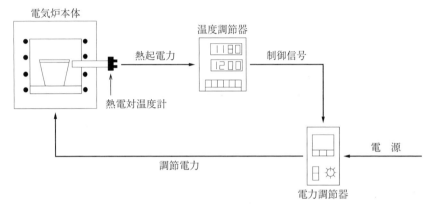

図7.1　電気炉のしくみの概念図

　なお，この図にある**熱電対**（thermocouple）温度計とは，2種類の金属線の
先端を溶接したものである。熱電対は高温側（炉の内部側）と低温側（測定器
側）の温度差に依存した熱起電力を発生するので，その値を測ることで温度測
定ができる。電気炉によく使われる熱電対としては，室温から1 400℃程度ま
で使用できるR型（白金-白金・ロジウム13%）と，同じく1 000℃程度ま
で使用できるK型（クロメル-アルメル）がある。通常，これらの熱電対は保
護管に入った状態で用いられる。

7.1.1　フラックス法に利用するうえでの注意点

　ここで，典型的なフラックス育成の手順について考えると，まずは室温から
200 ～ 300℃/hぐらいの速さで最高温度まで加熱する。この昇温速度に高い
精度は要求されない。つぎに，最高温度で数時間から十数時間の間保持し，そ

の後 $0.1 \sim 10℃/h$ 程度で所定の温度まで徐冷する。この徐冷中に結晶はゆっくりと成長するため，温度は変動なく安定に低下するのがよい結晶を得るための必要条件になる。

したがって，使用する電気炉には上記のような温度プログラムを設定できる機能と，そこで設定された温度を精密に制御できるだけの性能（例えば，$±0.1℃$以内）が要求される。特に安価な電気炉は単純なオン・オフ式で温度を制御しているものが多く，それではフラックス法に必要な高い温度安定性が実現できない。

そのため，フラックス法では，半導体リレーを用いた加熱動作と，PID 制御によって温度調節する電気炉が主として利用される。ここで，PID 制御とは，P（proportional：比例）から現在の測定温度と設定温度との差分に比例した信号で温度を制御し，I（integral：積分）から現在までの測定温度と設定温度との差分の時間積分を計算して温度を制御し，D（differential：微分）から測定温度が現在どのくらいの速度で設定温度よりずれつつあるかを検知して温度を制御する方法である。

安定な温度制御のほかにフラックス法で重要になる注意点として，電気炉はできるだけ振動の少ない安定した場所に置き，高温で蒸発揮散した試料が部屋の外へ逃げるよう適切な換気設備（ドラフトや換気フードなど）を備えることが挙げられる。

これら注意する点への対策，そして，実際の実験操作については，利用する電気炉の形式や大きさを念頭に置いて考える必要がある。そこで，つぎはフラックス育成によく用いられる電気炉として，縦型管状炉（**図7.2**（a））と箱型炉（図（b））の特徴をそれぞれ具体的に検討してみよう。以下では，大気にさらした空気中で試料を加熱する実験（すなわち，主として酸化物の育成）を中心にして話が進められるが，雰囲気ガスや試料封入管を利用する場合も同様の電気炉が使われる。

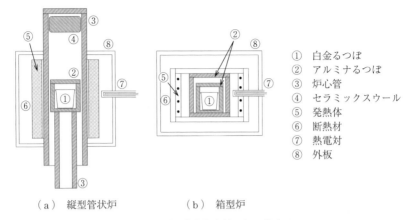

（a）　縦型管状炉　　　　　　　（b）　箱型炉

図 7.2　縦型管状炉と箱型炉の構成図

① 白金るつぼ
② アルミナるつぼ
③ 炉心管
④ セラミックスウール
⑤ 発熱体
⑥ 断熱材
⑦ 熱電対
⑧ 外板

7.1.2　縦 型 管 状 炉

　まずは図 7.2（a）の**縦型管状炉**（vertical tube furnace）を見てみると，この電気炉では口径の異なる二つの炉心管が重ねて使用されている。炉心管は耐熱セラミックス製の筒で，これらを垂直に立てて使うという意味で縦型である。それらの外側にある発熱体は，炉心管がちょうど入る大きさの管状型のものが使われるほか，複数の棒状かコイル状のものを炉心管のまわりに並べる種類もある。発熱体の外側は耐火性の断熱材で囲まれており，断熱材には Al_2O_3 と SiO_2 を主成分とした多孔質や繊維質のセラミックス材料がよく使われる。断熱材は電気炉内部の温度を安定させる役割をもち，熱エネルギーをできるだけ外部に逃がさないためにも必要である。

　二つに重ねた炉心管で外側のものは，発熱体と試料の間に壁をつくっている。したがって，この炉心管は高温試料が流出したときの防御壁となり，また，内部に雰囲気ガスを流したいときの遮断壁となる。炉心管の口径が大きいほど大型のるつぼを入れられるが，電気炉本体や炉心管の価格，そして加熱に必要な電力は口径に応じて急激に増加する。そのため，フラックス育成用としては，外径が 50 〜 70 mm 程度の炉心管を使う電気炉が妥当な線となることが

多い。なお，内側の炉心管はるつぼを支える役割をもち，筒のため，下から空気を送ってるつぼの底部を冷却させることもできる。

　炉心管はいろいろな口径のものが規格品として市販されており，電気炉から出し入れするのは容易である。つまり，炉心管は消耗品であって，揮散した試料によって腐食したとき（**図7.3**）は新品に交換する。空気中で試料を加熱する実験では，原料の蒸発散失が少なからずあり，それによる損傷を炉心管だけに抑えられるのが縦型管状炉の大きな利点である[†]。なお，蒸発物をできるだけ炉心管の外に漏らさないためには，図7.2（a）のように，炉心管の上部にセラミックスウールを詰めておくとよい。蒸発物の大部分はここで冷やされて固体になる。

図7.3　蒸発したフラックスによって内壁が腐食した炉心管

　炉心管の材質として多くの場合に使われるのは，**アルミナとムライト**である。アルミナの炉心管は純度が99％以上の Al_2O_3 を焼結させたものであり，1 800℃程度まで使うことができる。ムライトの炉心管は，Al_2O_3 と SiO_2 の mol 比が3：2程度の組成を焼結させたものであり，1 500℃程度まで使用できる。どちらの材質も緻密質と多孔質の炉心管があり，日本国内では，緻密質のアルミナを SSA-S，緻密質のムライトを HB という材質記号で呼んでいる。そして，多孔質のアルミナは CP，多孔質でムライトに近い組成のものは S と呼ばれている。

[†]　ただし，腐食性の強いフラックス（例えば，PbF_2 や PbO）が大量に流出すると，炉心管を貫通するほど侵食が進む場合もあるので注意が必要になる。

緻密質の炉心管は急冷すると熱衝撃でヒビが入りやすいが，耐食性や気密性の点で多孔質のものよりも優れている。そのため，フラックス法では緻密質のSSA-SやHBを使うのが得策である。これらの中で耐食性が一番よいのはSSA-Sになるが，価格はHBの炉心管と比べて約5倍もする。そこで，大気中で試料を加熱するフラックス育成では炉心管にHBを使用し，汚れたらすぐに新品に交換するのが一番便利で経済的になることが多い。

緻密質のアルミナやムライトの炉心管は，高温になっても気密性がかなりよい。そのため，炉心管にガスを流せば内部雰囲気が制御できる。例えば，純粋なアルゴンガスを流すことで，空気中の酸素と反応する金属間化合物などの育成が可能になる。これには炉心管の両端に金属製の密閉キャップを接続し（図2.1参照），下端から導入したガスを上端で逃げさせる。

なお，ガスを流す目的には，炉心管を水平に配置する横型管状炉が便利であるが，横型の炉は口径がかなり大きくないとるつぼの形が制限されてしまう。横型管状炉によく使われるボート状の試料容器は，フラックス法で大きな結晶を得るには不利な形状である。

縦型管状炉に話を戻すと，加熱中の温度はふつう中心の高さの位置で最高になる。中心部から上下方向に離れるほど温度は低くなるが，中心から5〜10 cm程度の範囲では，温度はほぼ一定になっていることが多い。そこで，通常の実験では，るつぼを中心の高さに設置し，そのとき，高温溶液の温度分布はほぼ均一になる。

一方，実験によっては電気炉中の温度勾配を積極的に利用することがある。例えば，るつぼを中心よりも低いところに置くと，結晶は温度の低いるつぼの底部に成長しやすくなる。このような実験を再現性よく行うためにも，いろいろな設定温度における電気炉中の温度分布を外付けの熱電対温度計で調べておくとよい。

つぎに，縦型管状炉の問題点を挙げると，まず，複数のるつぼを一緒に同じ条件で加熱することができない点がある。探索的な研究では，数多くの出発組成について同じ温度条件で育成を試み，最適なものを探し出す必要がある。こ

のような場合，縦型管状炉では効率が悪くて時間がかかりすぎてしまう。

　縦型管状炉のもう一つの問題点としては，高温にあるるつぼをすぐに取り出すのが難しいという点が挙げられる。8章で述べるように，実験によっては高温のるつぼを電気炉から取り出し，数秒以内に溶融状態のフラックスを流し出す必要がある。るつぼを上からつるせば縦型管状炉でも不可能な作業ではないが，つぎに述べる箱型炉のほうが，るつぼの取り出しが容易である。

7.1.3　箱　　型　　炉

　図 7.2（b）に示した**箱型炉**（box furnace）は**マッフル炉**（muffle furnace）とも呼ばれ，英語の muffle は包んで温めるという意味をもつ。箱型炉の試料室は断熱材で囲まれており，発熱体には複数の棒状やコイル状のものなどが使われる。炉の大きさや発熱体の配置にもよるが，通常は，中心付近の広い空間において温度がほぼ均一になるように設計されている。したがって，ある程度大きな箱型炉では複数のるつぼを同時に加熱できる。また，炉の前面には大きな扉があり，トングを使って高温のるつぼをすぐに取り出すことができる。これらは箱型炉の利点である。

　一方，箱型炉の問題点として，高温で散失した試料による損傷の範囲が広くなりやすく，修理の手間や費用が大きくなってしまう。そのため，蒸発しやすいフラックスを空気中で加熱するときは，試料が入った白金るつぼを 2 重や 3 重のアルミナ容器に封じ，容器内部の隙間にはアルミナ粒を詰めて蒸発物を吸収させるなどの用心が必要になる。また，発熱体が露出している場所はアルミナなどの耐熱板でおおい隠し，試料室の床部にも同様の板を敷く。それでも電気炉を汚すことがあるので，別の用途（例えば，セラミックス試料の固相反応や焼成）に使う箱型炉を空気中のフラックス実験に流用するのは好ましくない。

　箱型炉によっては，試料室にガスの導入や真空引きできるものもあるが，高価な種類でないと精密な雰囲気制御は難しい。したがって，通常の箱型炉が適するのは，蒸発の心配がない試料を空気中で加熱する場合や，金属間化合物などを石英管に封入して育成する実験であろう。

7.1.4 発　熱　体

　多くの場合，電気炉で利用できる温度の上限は発熱体の種類によって決まっ
てくる。代表的な発熱体の材質と，それらの使用できる最高温度のおおよその
値を**表 7.1** に示した。一般に最高温度が高くなるほど，電気炉本体や交換用
の発熱体の価格は大幅に上昇する。そのため，実験に必要な温度をよく見極め
てから適切な電気炉を選ぶ必要がある。

表7.1　発熱体の代表的な材質

発熱体	最高温度〔℃〕*	融点〔℃〕	空気中での加熱
Ni-Cr（ニクロム）	1 000	1 400	○
Fe-Cr-Al（カンタル）	1 200	1 500	○
SiC（炭化ケイ素）	1 400	2 730	○
MoSi$_2$（ケイ化モリブデン）	1 700	2 030	○
LaCrO$_3$（ランタンクロマイト）	1 800	2 450	○
Pt（白金）	1 600	1 768	○
Pt-Rh（白金-ロジウム）	1 700	1 900	○
Mo（モリブデン）	2 400	2 623	×
Ta（タンタル）	2 600	3 017	×
W（タングステン）	2 900	3 422	×
C（グラファイト）	2 600	3 462	×

*適切な使用雰囲気下における，おおよその最高使用温度

　表に示した発熱体には，大きく分けて，空気中の加熱が可能なものと不可能
なものがある。空気中の加熱が不可能なモリブデンやグラファイトなどは
2 000℃以上まで使用できるが，真空あるいは不活性ガス中に発熱体を入れる
ため，装置は大がかりなものになる。フラックス法では，そこまでの高温が必
要になる実験はほとんどないため，空気中で加熱できる発熱体を使用するのが
便利である。以下では，その代表例であるニクロム，カンタル，炭化ケイ素，
ケイ化モリブデン，および，ランタンクロマイトについて述べておこう。

〔1〕　**ニクロムとカンタル**　　ニクロム（Nichrome）は主として Ni-Cr からなる合金であり，本来は商標名であったものが，現在では一般名として広く使われている。ニクロム線の発熱体はオーブントースターやドライヤーなどの日常品にも使われ，ワイヤー状，コイル状，リボン状など，いろいろな形と大きさのものが販売されている。ニクロムは最初の加熱時に Cr_2O_3 の膜が表面に形成され，これが内部を酸化から保護する役割をもつ。最高温度は 1 000℃ 程度と低く，フラックス育成に用いるには不十分であることが多い。ただし，試料の仮焼成や溶融充填，および白金るつぼの洗浄といった作業には，ニクロムの箱型炉が十分に利用できる。

　カンタル（Kanthal）は Fe-Cr-Al 系の合金であり，正確にはスウェーデンの企業の商品名である。パイロマックスと呼ばれる発熱体にも同様の合金が使われている。カンタル線の合金組成は製造元や種類によって少しずつ違い，それぞれの最高温度も少しずつ異なっている。カンタルでは表面に Al_2O_3 膜が形成され，これが安定であるためにニクロムよりも高温での使用が可能になる。カンタル線を使った電気炉の最高温度は，石英ガラスの値とほぼ同じ 1 200℃ 程度であり，試料を石英管中に封入する実験には都合がよい。

　ニクロムやカンタルの発熱体は安価であり，断熱材と一体になったパネルヒーターとして利用されていることも多い。したがって，そのような電気炉を修理するときは，発熱体と断熱材の両方を同時に交換することになる。市販の電気炉によっては電源や温度調節器などを含めた全体が一体品となっており，その一部だけを交換・修理することができないものもある。ただし，蒸発物などによる腐食を防ぎ，加熱温度の上限を守って使用すれば，一般に，ニクロムやカンタルの電気炉は長期にわたって使いつづけることができる。

〔2〕　**炭化ケイ素**　　炭化ケイ素（SiC）の発熱体は，SiC に結合剤を加えて焼結させたものであり，シリコニット，エレナ，グローバー，テコランダムなどの商品名で販売されている。研究用途の電気炉には，**図 7.4** の上側にある棒状や，下側にあるらせん管状のものを使うことが多い。図の一番下側にある「複らせん管」型のものは，二つの電極が同じ側にあるので配線に便利である。

図 7.4　いろいろな形状の SiC 発熱体（株式会社シリコニット提供）

　フラックス法では，SiC の発熱体を使った電気炉を利用することが多い。その理由としては，（1）1 400℃程度まで問題なく使用できるので多くの育成実験に対応でき，（2）発熱体が比較的安価で交換が容易である，といった利点が挙げられる。また，酸化雰囲気だけでなく，還元雰囲気で使用できるのも SiC の利点である。

　一方，SiC の発熱体は，適切に使用しても劣化が少しずつ進行し，電気抵抗が大きくなる。そのため，電気炉の電源は，設定電圧が段階的に上げられるようになっている。ただし，劣化がかなり進むと SiC の酸化によって繊維状の SiO_2 が生じるようになるので，その症状が現れる前に新品と交換するのが無難である。

〔**3**〕　**ケイ化モリブデン**　　ケイ化モリブデン（$MoSi_2$）の発熱体は，カンタルスーパー（Kanthal Super）などの商品名で市販されているが，前述のカンタルとはまったく異なる材質である。この発熱体は $MoSi_2$ を焼結させたものであり，表面にできる SiO_2 の被膜によって 1 700℃程度まで安定に加熱できる。ただし，この被膜は低温で不安定になるため，800℃以下の加熱使用はできない。発熱体は U 字型の形状であることが多く，電気炉内で鉛直につるして使う。これはもろいので，交換時には注意が必要である。$MoSi_2$ は SiC よりも高価な発熱体であるが，適切に使用すれば寿命は長い。

〔**4**〕 **ランタンクロマイト** ランタンクロマイト（LaCrO$_3$）の発熱体は，ケラマックスの商品名として販売されている。最高使用温度は1 800℃と高いが，高温における Cr$_2$O$_3$ 成分の蒸発やクリープによる変形が問題点として挙げられている。また，衝撃にも弱いので，取り扱いには注意が必要である。

7.2 る つ ぼ

フラックス法では，固体の原料試薬を加熱して，均一な溶液になった状態から結晶を成長させる。そのため，実験には高温の溶融体を安定に保持できる容器が必要であり，この目的に使う容器を一般にるつぼと呼ぶ。るつぼに要求される条件は，（1）高温で溶液やまわりの雰囲気ガスと反応せず，（2）十分な機械的強度があり，そして，（3）あまり高価でないこと，などである。高温溶液との反応を抑えるために，酸化物などのイオン性溶液には，おもに白金を中心とする貴金属のるつぼが使われ，金属溶液には，酸化物，あるいは高融点金属のるつぼを利用することが多い。**表7.2** には代表的なるつぼ材の性質を示した。この中でも，以下に述べる白金，石英ガラス，アルミナ，タンタルがフラックス法で最もよく利用されている。

7.2.1 白 金

酸化物のフラックス育成では，白金るつぼを使うことが多い。その理由は，白金以外に使用できる材質がない場合が多いからである。白金（Pt）は貴金属元素の一つであり，酸やアルカリなど多くの薬品に対して安定であると同時に，空気中で加熱しても酸化しない。融点は1 768℃と高く，試料との反応が問題にならない場合は1 500℃程度までの使用が可能である。さらに，白金は展延性があり，手でも容易に折り曲げられる。これは加工性に富んでいるという意味で便利な点であるが，高温では内容物の荷重でるつぼが変形しやすくなるので，注意も必要になる。

表7.2 るつぼの代表的な材質

るつぼ	最高温度〔℃〕*	融点〔℃〕	空気中での加熱	おもな使用
Pt（白金）	1 500	1 768	○	酸化物，ハロゲン化物
Ag（銀）	800	962	○	水酸化物，ハロゲン化物
Au（金）	950	1 064	○	ハロゲン化物
Ir（イリジウム）	2 200	2 446	×	酸化物，ハロゲン化物
Ni（ニッケル）	900	1 455	×	ハロゲン化物
Mo（モリブデン）	1 900	2 623	×	金属，酸化物，ハロゲン化物
Ta（タンタル）	2 400	3 017	×	金属，ハロゲン化物
W（タングステン）	2 500	3 422	×	金属，カルコゲナイド，酸化物
C（グラファイト）	2 000	3 462	×	金属，ハロゲン化物，カルコゲナイド
SiO_2（石英ガラス）	1 200	1 700	○	金属，ハロゲン化物，カルコゲナイド
Al_2O_3（アルミナ）	1 800	2 050	○	金属，水酸化物，ハロゲン化物
MgO（マグネシア）	2 200	2 852	○	金属
ZrO_2（ジルコニア）	2 300	2 715	○	金属，カルコゲナイド
BN（窒化ホウ素）	1 800	2 973	×	金属

*適切な使用雰囲気下における，おおよその最高使用温度

　白金るつぼは値段が高い。これはもちろん，原料の白金が高価なためである。白金は金や銀と同様，1グラム当りの相場がつねに上下しており，それに合わせて白金るつぼの価格も変化する。ここで，白金価格の推移を簡単に記しておくと，1グラム当りの価格は2008年の3月に史上最高値の7 968円を記録した。これは，同年の世界金融危機に関連して株価が大暴落し，多くの人たちが株の代わりに白金に投資したからである。その後，同じ年の11月には2 576円まで急落し，2015年から現在（2020年）までは，ほぼ3 000円から4 000円の間を変動している。

　白金るつぼは高価であるが，適切な使い方と洗浄（8.2節参照）を行えば，何回もの繰り返しの使用が可能になる。また，傷んだ白金るつぼを古金属として貴金属業者に支給すると，最初の購入時の2〜3割程度の価格で新品に改鋳してもらえる。したがって，白金るつぼは初期費用が高いのであって，毎回の実験に要する費用は，ほかのるつぼと比べてそれほど高いわけではない。

　白金るつぼには，JIS規格として10，15，20，25，30，40，および50 mLの大きさがあり，フラックス法にはこれらの規格品がそのまま使える。**図7.5**は白金るつぼやアルミナるつぼの写真であり，前列左の二つがJIS規格の15 mL白金るつぼである。JIS規格のふた付き白金るつぼの重さは1 mL当り1 gになり，したがって，15 mLのふた付きるつぼには15 gの白金が使われている。

前列：白金るつぼ
中列：アルミナるつぼ
後列：50 mL ビーカー

図7.5　白金るつぼとアルミナるつぼ

　すでに述べたように，白金は展延性があってやわらかく，そのため，ふたとるつぼ本体をかしめて密着させることができる。図7.5の前列左から二つ目のるつぼは，こうやってふたを閉じたものである。多くの場合，これでフラックスの蒸発がかなり抑えられる。アーク溶接かスポット溶接によって完全に密封することも可能であるが，その適用例は多くない。

　白金は多くの酸化物やフッ化物に対して安定であるが，金属や半金属などとは高温で容易に反応する。例えば，C，S，Se，Te，P，As，Sbといった元素やCl_2のガスには腐食され，Pb，Bi，Cu，Snなどの金属とは低融点の合金をつくる。腐食した白金るつぼを**図7.6**に示す。

図7.6　フラックスによって腐食
した白金るつぼ

　酸化物の育成に使うフラックスには，PbO や Bi_2O_3 など還元条件で容易に金属になるものが多く，原則として，白金るつぼは空気中などの酸化雰囲気でのみ使用できる。有機物や有機溶剤の混入もるつぼを腐食する原因となる。白金るつぼは石英ガラスとも反応することがあり，高温で白金と接してよい材質は，アルミナやジルコニア（ZrO_2）などの耐火性酸化物に限られる。高温の白金るつぼを直接つかむには，先端部分が白金で覆われたトングを必ず使用する。

　新品の白金るつぼを加熱すると，ふたと本体が融着してしまうことがある。これを防ぐには接する場所を紙やすりで粗くするか，空のるつぼとふたをあらかじめ1 000℃程度で数時間ほど焼きなますとよい。るつぼの焼きなましは薬品からの腐食を抑える効果もある。

　なお，白金よりも硬くて高温まで使用できるるつぼとして，白金-ロジウム（Pt-Rh）や白金-イリジウム（Pt-Ir）の合金るつぼが販売されている。しかし，ロジウムやイリジウムはフラックスに溶けて結晶を汚染することが多く，フラックス法ではほとんど利用されていない。

7.2.2　石英ガラス

　石英ガラス（silica glass あるいは fused silica）は純粋な SiO_2 の化学組成をもったガラスであり，その特長は，（1）熱に強く，（2）比較的安価であり，（3）多くの化学薬品に侵されず，（4）光を透すので内部が観察でき，（5）熱膨張率が小さい（約 6×10^{-7}/℃）ため熱衝撃に強く，さらに，（6）高温の火炎を使って密封できる，といったものになる。

　そのため，結晶育成を密封管中で行う必要がある場合，出発原料を石英ガラス管（石英管）の中に封入して加熱することが多い。石英管はいろいろな大きさのものが市販されており，外径 20 mm 以下，肉厚 2 mm 以下程度であれば，酸素-プロパン炎のガスバーナーを使って封入できる。さらに大きい石英管には酸素-水素炎が必要になり，大きくなるほど封じ切るのが困難になる。

　ところで，火炎を使ったガラス細工というと，それには高度な熟練技能が必要だと思われがちである。しかし，これは急激な温度変化に耐える石英管の封入作業については当てはまらない。一般に「ガラス」と呼ばれているソーダガラス[†1]やホウケイ酸ガラス[†2]などは，SiO_2 に加えてほかの成分が含まれている。そのため，これらの材質は石英ガラスよりも低温の火炎で加工できるが，熱膨張率が大きいため，熱衝撃によってヒビが入りやすい。一方，石英ガラスは高温火炎で急熱・急冷しても割れることはなく，直径 20 mm 以下の石英管を封入する作業には，特別なセンスや技術は必要としない。ガラス細工の一般的な知識については，化学の実験書[1),2)]が参考になる。

　石英ガラスは 1 100℃ ぐらいから軟化し始めるが，1 200℃ 程度までは封入管として使用できる。石英ガラスは多くの硫化物，セレン化物，テルル化物，およびフッ化物以外のハロゲン化物に対して安定であり，一部の低融点金属とも反応しない。そのため，使用温度にもよるが，これらは石英管に直接入れて溶融できる場合が多い。一方，石英ガラスと反応する試薬を使う場合は，適切な材質のるつぼを石英管の中に入れて真空封入することになる。

　ただし，グラファイト（炭素）るつぼを入れるのが適当な場合は，その代わりに石英管の内側を炭素で被覆するという簡単な方法がある。これには片側を閉じた石英管の中にアセトンかエタノールを少量入れ，700℃ 程度の火炎で外側を加熱する。そうすると石英管の内部は不完全燃焼になり，熱分解した炭素が石英管の表面に吸着する。この作業を数回繰り返すことで，適当な厚みをもった炭素膜が得られる。

---

†1　窓ガラスやビンなどに使われている。
†2　ビーカーなどに使われ，パイレックス（Pyrex）などの商標で知られている。

石英管の真空封入は，真空ポンプが設置された真空ラインに接続した状態で行う[3]（**図7.7**）。もし，結晶育成時に蒸発して石英と反応する金属（例えば，Al）を入れる場合は，0.2気圧程度のアルゴンガスを満たした状態で封入する。そうすると，高温では約1気圧の不活性ガスが充満されていることになり，試薬の蒸発がかなり抑えられる。なお，封入時に石英管を下に引っ張ると，先細りして尖った形に閉じてしまう。これは封入管の内圧に対する強度を下げてしまうので，先端部分はできるだけ丸くなるように封じ切る。

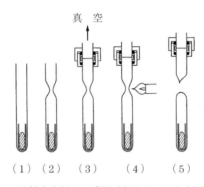

真　空

（1）（2）（3）（4）（5）

図7.7　石英管真空封入の手順（文献3)の図をもとに作成）

石英管の強度は，**失透**（devitrification）によっても著しく低下する。失透とは加熱によるガラスの結晶化現象であり，これは表面に付着した汚れが引き金となりやすい。したがって，石英管は新品でもブラシと液体洗剤で十分に洗う必要がある。水道水が蒸発した後に残る塩分が失透の原因になる場合もあるため，洗浄後は蒸留水で水道水を洗い流す。汗に含まれる塩分も失透の原因となるので，洗浄後は素手で触れないようにする。もし，表面に指紋などが付いた場合は，エタノールなどの有機溶剤で取り除く。

7.2.3　ア　ル　ミ　ナ

アルミナ（Al_2O_3の多結晶体）は代表的な耐熱性セラミックスであり，緻密なアルミナるつぼは多くの金属間化合物のフラックス育成，および塩化物や水酸化物をフラックスとした酸化物の育成に利用されている。アルミナるつぼは

Al，Cu，Zn，Ga，Ge，In，Sn，Sb，Pb，および Bi といった低融点金属の液体を保持でき，これらの金属をフラックスとした高温溶液にも使用できることが多い。例えば，希土類金属はそのままだとアルミナと反応するが，上記の低融点金属中に 10 atm% 含まれた溶液の状態であると，1 200℃ 程度までアルミナを侵さない[4]。

　規格品として市販されているアルミナるつぼにはいろいろな大きさや形状のものがあり，それらに使うふたも販売されている。アルミナの純度には > 97%，> 99.7%，> 99.9% などいくつかの等級があるが，フラックス法ではできるだけ純度の高いアルミナるつぼを使うのが好ましい。ただし，石英管に入るような小型のるつぼには規格品がなく，適切な大きさのものを製造会社に注文してつくってもらう必要がある。

　普通の実験室の設備では，アルミナを溶接によって封じ切るのは難しい。ただし，完全な密封が必要ない場合は，アルミナセメントを使ってるつぼとふたを接着することができる。アルミナセメントはアルミナに適当な結合剤が入ったものであり，ヒートガンかヘアードライヤーで加熱すると，ある程度の強度をもった接着状態になる。こうしてるつぼとふたを仮固定した後，電気炉に入れて空気中で加熱すれば完全に固まる。

　アルミナるつぼは Al_2O_3 の粉末を焼結させたものであり，小さな結晶粒の集まりからできている。そのため溶融物は結晶粒界の空隙に付着するので，使用したるつぼを洗浄して再利用するのは難しい。洗浄や溶接が困難という性質はアルミナに限らず，ジルコニア，マグネシア（MgO），BN などほかのセラミックス系るつぼでも同じである。

7.2.4　タ　ン　タ　ル

　タンタル（Ta）は代表的な高融点金属の一つであり，優れた耐食性と展延性に加えて，アーク溶接によって容易にるつぼを密封できるという利点がある。そのため，金属間化合物の育成において試料がアルミナや石英と反応し，さらに密封が必要なときにタンタルるつぼを使うことが多い。ただし，タンタ

ルは高温で容易に酸化するので，試料を入れたるつぼは石英管中に封入する
か，真空あるいは不活性ガス雰囲気中で加熱する必要がある。

　るつぼとしてよく利用される高融点金属には，タンタルのほかにモリブデン
（Mo）やタングステン（W）がある。これらもアーク溶接によってるつぼを密
封できるが，タンタルのような展延性がないので，加工はやや困難になる。

7.3　原料試薬

　どの原料試薬を溶質やフラックスの出発物質として使うかは，もちろんなん
の結晶を育成するかによって変わってくる。個々の試薬にはそれぞれ特有の性
質があり，それに応じた個別の問題や対策といったものがある。それらすべて
を述べることはできないので，本節では，ぜひ心得ておきたい基本事項のみを
記しておこう。個々の物質の性質や危険性については，試薬会社のホームペー
ジや化学実験講座[5]などが参考になる。ぜひとも十分な知識を得たうえで実験
を始めていただきたい。

　通常のフラックス育成では，市販されている高純度の試薬を使用する。その
ため，実験室で試薬の合成や**純度精製**（purification）を行うことはほとんどな
い。ただし，ここで注意したいのは「純度」という言葉の意味である。試薬の
ラベルに「純度 99.9%」と書かれていても，それは多くの場合，「分析によっ
て検知されたほかの金属元素が 0.1% 以下」という意味になる。

　したがって，試薬にどれだけの水分やガスが含まれており，どれだけ酸化な
どの変質が進んでいるかはわからない。たとえ純度が 99.9% の金属であって
も，数 atm% 以上の酸素が吸着ガスか酸化物として混入していることがある。
同様に，VO_2 や V_2O_3 といった低価数の遷移金属酸化物は，より安定なもの（こ
れらでは V_2O_5）へと変質しやすい。安定な酸化物でさえも，水分や二酸化炭
素を含んでいる場合があり，その程度は容器のラベルを見ただけでは判断でき
ない。これらは試薬の保存状態によっても大きく変わり，秤量時の誤差や結晶
の質を下げる原因になるので，注意が必要である。

　以下では，酸化物の育成に使う酸化物やハロゲン化物などの試薬，そして金属間化合物系の育成に使う金属や半金属の元素について，それぞれの一般的な特徴や注意点を見てみよう。

7.3.1　酸化物系の試薬

　酸化物やハロゲン化物は，粉末あるいは細粒状の試薬として販売されていることが多い。一般に，試薬の粒度（粒子径）が小さいほど比表面積は大きくなり，固相状態での反応性や焼結性がよくなるという利点がある。しかし，この利点は原料を完全に溶融させるフラックス法の実験ではあまり関係がなく，むしろ微粉末は空気中の水分や二酸化炭素などを吸着しやすいという問題がある。また，微粉末は取り扱い中に飛散しやすい。したがって，純度が同程度であれば，大きめの粒度の試薬を選んで使用するのが得策になる。

　通常，これらの試薬はガラスかプラスチック製の容器に密閉して，試薬棚かデシケーター中で保存する。古い試薬や素性のよくわからない試薬を使う場合は，実験を無駄骨にしないためにも内容物をよく確認しておきたい。その目的には粉末X線回折法が便利であるが，この方法は，結晶性の悪い試料や数％以下の不純物には対処できないので注意が必要である。

　酸化物の粉末に含まれている水分や二酸化炭素の量[†]を調べるには，加熱による質量変化を測定する。これには熱重量分析装置を使うのが便利であるが，つぎの操作でも確かめられる。（1）試料を秤量後，（2）蒸発や酸化・還元の問題がない所定の温度まで電気炉中で加熱し，（3）電気炉から取り出して小型の耐熱性デシケーター中で冷却させ，（4）再び秤量する。

　乾燥に必要な温度は物質によって異なるが，例えば，La_2O_3 や MgO（これらは大気中で徐々に炭酸塩や水酸化物へと変化する）では，アルミナるつぼを使って空気中 900 ～ 1 000℃で数時間の加熱が適当である。一方，ハロゲン化物は潮解性のものが多いのであるが，空気中の加熱乾燥は分解や蒸発などの問

　[†]　表面に吸着した分のほかに，水和物や水酸化物，炭酸塩の形成による変質を含む。

題があるため，真空オーブンで減圧中，200 〜 300℃程度で乾燥する。

　空気中のフラックス育成では，室温において安定で取り扱いやすい原料から出発するのが原則である。例えば，アルカリ金属やアルカリ土類金属（Ca, Sr, Ba）の酸化物は二酸化炭素や水分を吸収しやすいので，代わりに炭酸塩（Li_2CO_3 や $CaCO_3$ など）を出発物質として使用する。これらの炭酸塩は，加熱すると 800℃程度で炭酸イオン CO_3^{2-} が脱離し，高温溶液中で存在する成分は Li_2O や CaO などと見なすことができる。また，金属イオンの価数は目的の結晶と原料中とで同じである必要はなく，例えば，Ce^{3+}，Pr^{3+}，Tb^{3+} を含む酸化物の育成には，R_2O_3（$R = Ce, Pr, Tb$）よりも安定な CeO_2，Pr_6O_{11}，Tb_4O_7 を出発物質として使用する。

7.3.2　金属間化合物系の試薬

　金属間化合物のフラックス育成には，いろいろな大きさや形状をもった金属や半金属の元素が試薬として使われる[†]（**図 7.8**）。大きすぎる試薬は細かくする必要があるが，不適切な操作は酸化や不純物が混入する原因になってしま

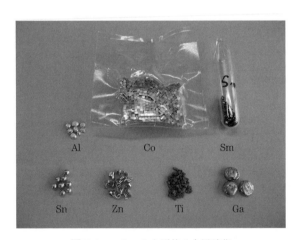

図 7.8　いろいろな形状の金属試薬

[†]　これらは大きさや形状に応じて，ショット，ピース，チップなどと呼ばれる。

う。その一方，小さすぎる試薬は，保存中や操作中に酸化などの変質が進みやすくなる。一度でも汚すと復元は困難になることもあり，金属の性質をよく見極めたうえで適切な大きさの試薬を選ぶことが重要になる。

　試薬を小さくする操作として，In，Pb，Sn などのやわらかい金属では清潔な刃のナイフかニッパーで切断する。Te，Ge，Sb などのもろい金属は，乳鉢と乳棒を使って砕くことができる。遷移金属などの硬い金属は，金属用の回転刃で切断した後に酸などでエッチングして，表面の酸化層や不純物層を取り除くことが多い。それぞれの金属に適したエッチング操作は，金属関係の本やハンドブックにくわしい記載がある[6]。

　金属試薬の扱い方は，その金属が空気に対してどれほど安定かに大きく依存する。一般的な傾向として，アルカリ金属が一番不安定（反応性が高い）であり，アルカリ土類金属，希土類金属，遷移金属，そのほかの典型金属，の順で安定になる。

　アルカリ金属（Li，Na，K，Cs，Rb）は空気，特に空気中の水分と激しく反応する。これらの金属はオイル中かアンプルに封入した状態で保存され，すべての操作を純粋な不活性ガスで満たされたグローブボックス中で行う必要がある。そのため，グローブボックスから取り出さずにるつぼに封入できるよう，**図 7.9** に示したようなねじ式の金属容器（鉄，あるいはステンレス鋼製）が開発されている[7),8)]。あるいは，グローブボックス内にアーク溶接炉を設置して，秤量後にそのままタンタルるつぼに溶接密封する方法もある。

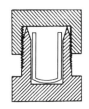

図 7.9　ねじ式金属密閉容器

　アルカリ土類金属（Ca，Sr，Ba）はパラフィンオイル中で保存されることが多く，オイルはヘキサンなどの有機溶媒で洗い流せる。これらの金属も空気中で容易に酸化する。取り扱いはグローブボックス内が基本になるが，数秒程

度であれば，空気中に取り出すこともできる。ただし，水と激しく反応するので酸によるエッチングはできない。希土類金属の Eu はアルカリ土類金属と似た性質をもち，扱い方も同様になる。

　希土類金属はどれも同じようだと思われがちであるが，実際は空気中で最も不安定な Eu から比較的安定な Sc まで，変化に富んでいる。空気中での安定性 は Eu，La，Ce，Pr，Nd，Sm，Yb，Gd，Tb，Y，Dy，Ho，Er，Tm，Yb，Lu，Sc の順で高くなり，Yb を除くと，これは金属半径が小さくなる順番である[9]。反応性が高い La，Ce，Pr，Nd でも短時間であれば空気中で扱うことができる。ただし，空気にさらしておくと，最終的には粉末状の酸化物になってしまう。開封後の試薬は，ガラスアンプル中に真空封入して保存するのがよい。

　多くの遷移金属は空気中で扱えるが，粉末や粒状の試薬では表面の酸化が問題になることも多い。これらの酸化した試薬は水素を使って還元処理できる場合もある。長期の保存にはガラスアンプルを使った真空封入がよい。この点は，そのほかの典型金属や半金属でも同様である。

8章
フラックス結晶育成の基本的な実験手順

　フラックス溶液から結晶を育成する代表的な方法は，高温溶液をゆっくりと冷却して，自然発生した結晶核を成長させる徐冷法である。物性研究に必要な数 mm 角程度のバルク結晶は，徐冷法で得られる場合が多い。この最終章では徐冷法による育成手順と，そこで得られる結晶の評価方法を見てみよう。

8.1　は じ め に

　これまでの章では，フラックス法の原理，装置や原料といった内容について，いろいろな角度から焦点を当ててきた。これらは，いわば結晶育成を考えるための基礎的知識であり，その上にくるのが，実際に手を使った結晶づくりである。そこで，この最終章では，実験の全体像をつかんでいただくことを目的に，典型的なフラックス法の操作手順と，結晶の評価法についての基本的な解説を行うことにする。

　具体的には，本章の前半では，徐冷法による（1）白金るつぼを使った空気中での酸化物の育成と，（2）石英封入管を使った金属間化合物の育成について，その実験方法を順に追ってみる。もちろん，個々の物質にはそれぞれ特有の問題があり，最も適した育成の方法は少しずつ異なってくることも多い。しかし，以下で取り上げる基本操作を習得すれば，ちょっとした変更や修正で，適用の範囲はつぎつぎに広がっていくであろう。

　そして，そうやって得られた結晶は，測定試料とする前に適切な評価を行う必要がある。その概略を述べたのが本章の後半であり，そこでは初心者が心得

ておきたい点もいくつか指摘した。

　なお，どの実験においても，安全には十分に気を付ける必要がある。特に，高温の電気炉の開閉時には必ず**防護面**（face shield）と耐熱性の保護手袋を使用し（**図8.1**），粉末状の試薬を扱う際には防塵マスクやビニール手袋を着用する。また，酸やアルカリの水溶液はドラフトの内部で取り扱い，廃棄物は適切な方法で処理する必要がある。それぞれの実験操作の危険性のみならず，万が一事故になったときの対処法も十分に確認したうえで，結晶育成を始めてほしい。

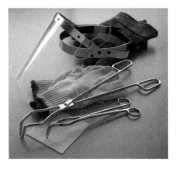

・手前のトングは先端が白金で覆われており，加熱した白金るつぼをつかむのに使用する。
・写真の軍手は綿100％（手首のバンドが緑色）であり，二重にして使用すると，850℃程度まで，片手ですばやく電気炉からるつぼを取り出せる。それ以上の温度では，奥側の耐熱手袋を使用する。

図8.1　フラックス法で使う器具

8.2　**空気中での酸化物の育成**

　本節で述べるのは，10 ～ 50 mL 程度の白金るつぼを使って，空気中で結晶を育成する実験の手順である。つまり，ここでは酸化物の育成がおもな対象になる。

8.2.1　準　　　　備

　まずは，溶質やフラックスの原料となる粉末や粒状の試薬を，目的の組成となるように秤量する。このとき1回の実験でちょうど使い切る分を準備したいのであるが，その量をあらかじめ予測するのは難しい。ごく大まかな目安として，例えば，15 mL の白金るつぼを充填するには，50 mL のビンを7割ぐらい

満たす粉末が適量であることが多い。

秤量した試薬は広口の透明なビンに入れ，目視で十分に均質になるまで手で振って混合する。混合が不十分であると，溶融しても均一な溶液になりにくい。また，試薬を使い切らなかったときは目的の組成からずれてしまう。

つぎに，混合した試薬を白金るつぼに充填する。このとき乳棒やへらを押しつけて粉体を圧縮しても，溶融時には2〜3割程度まで容積が減少する。そこで，るつぼの大きさをできるだけ有効に利用するためには，試薬を**半溶融**（premelting）させたうえで充填を繰り返す必要がある。

この操作には，箱型炉をあらかじめ所定の温度（混合物が融け始める共晶点以上で，通常850〜950℃程度）まで加熱しておく。つぎに，白金るつぼに白金のふたをかぶせ，これらをアルミナるつぼに入れる。そして，トングでアルミナの部分をつかんで炉に入れる。炉の扉を開けるときは，一時的に設定温度を下げるか電源を落として，発熱体に負荷をかけないようにする。

半溶融の加熱時間は15分程度で十分である（その時点で融けていなければ，設定温度をさらに高くする）。高温にある白金るつぼは，必ず先端部分が白金で覆われたトングでつかみ，アルミナ質の耐熱板の上に置くようにする。こうして充填と半溶融を2，3回繰り返せば，るつぼの8割程度まで溶融固化物で満たすことができる（**図8.2**）。

充填が終わったるつぼは，白金のふたで封をする。規格品のふたは，るつぼ本体よりも2mmほど外にはみ出ており，この部分を折り曲げて，るつぼ本体に密着させる。同様のふたは，厚さ0.1mm程度の白金板をハサミで切り取ってつくることもできる。

つぎに，ふたをした白金るつぼをアルミナるつぼに入れる。そして両者の隙間にアルミナ粒を満たし，アルミナセメントを使って，アルミナのふたをアルミナるつぼに接着する（図8.2）。アルミナ粒はフラックスが流出してしまったときの吸収材になるだけでなく，試料周囲の熱容量を大きくして，結晶育成時の温度変動を小さくする役割をもつ。

原料を溶融
充填した白金
るつぼ

ふたを閉じた白金るつぼ

アルミナセメント
で封じたアルミナ
るつぼ

図 8.2　準備中のるつぼ

　こうして準備が終わったら，るつぼを電気炉に設置する。通常は電気炉の中心付近に置くのであるが，位置をずらして，るつぼの底部や側部が低温になるよう温度勾配をつけることもある。これは，結晶核が発生する場所を低温部分に局在させ，できるだけ少数の大きな結晶を成長させることを目的としている。縦型管状炉では，るつぼを支えている内側の炉心管を通して，水槽用の小型ポンプで空気を送って冷やすこともできる。

8.2.2　結　晶　育　成

　つぎに，結晶育成の温度プログラムを電気炉で設定する。典型的な実験では，室温から 200 〜 300℃/h 程度の速度で加熱し，最高温度（例えば，1 250℃）で数時間 〜 十数時間ぐらい保持する。その後，成長終了温度（例えば，950℃）まで 0.1 〜 5℃/h 程度の速度で徐冷する。徐冷後に室温でるつぼを取り出す場合，終了温度に到達したら，加熱を止めて自然放冷させる。

　最高温度は原料混合物の融点（相図上の液相線の温度）よりも 50℃は高温になるように設定して，原料を完全に溶解させる。また，溶液をかき混ぜることなく完全な混合を望むには長時間を要するので，最高温度での保持時間は十分にとる。ただし，保持する温度や時間が大きくなるほどフラックスの蒸発や

るつぼの腐食が激しくなりやすく，場合によっては目的以外の物質が生成することもあるので，注意が必要である。

　徐冷の速度は，結晶の安定な成長が保たれるよう十分に遅い必要がある。特に成長の初期段階では，冷却速度が大きいと不安定化が起こりやすい。そこで，徐冷速度は一定でなく，段階的に上がるように設定することもある（例えば，1 250 〜 1 100℃は1℃/h，1 100 〜 950℃は 1.5℃/h など）。

8.2.3　結晶の取り出し

　フラックスだけを溶かし出し，成長した結晶を傷めない溶剤が存在する場合は，室温付近まで冷えたるつぼを電気炉から取り出す。固化したフラックスを溶かす溶剤は，希硝酸や希塩酸などの酸，水酸化ナトリウムやアンモニアなどのアルカリ水溶液，あるいは水であることが多い。これらの溶剤はるつぼと一緒にビーカー†に入れ，ホットプレート上で温めて溶解を促進させる。通常，数日後には内容物が懸濁状の液体になり，その中から結晶を取り出すことができる。るつぼの側面や底部に張り付いている結晶は，るつぼを少しずつ折り曲げて引き離す。この操作は，無理をすると結晶やるつぼを傷めてしまうので，慎重に行う必要がある。

　フラックスだけを溶かす適当な溶剤がない場合や，フラックスの固化によって成長した結晶にひずみが入る場合は，フラックスが固化する前にるつぼから流し出す必要がある。この操作は密封したるつぼには適用できないので，その場合は電気炉中でるつぼを逆さにしたり，るつぼの底に穴を開けたりする方法が試みられている[1),2)]。このほか，育成後に再加熱してフラックスを流し出す方法や，白金るつぼをペンチで剥いでしまい，固化したフラックスと結晶を機械的に分離するという最終手段もある。

---

†　強アルカリ溶液は，ガラスを溶かすのでテフロン製のビーカーを使用する。

8.2.4　白金るつぼの洗浄法と修理法

使用した白金るつぼは，表面に残った付着物をきれいに取り除くことで再び使うことができる。この洗浄には，例えば，炭酸ナトリウム（Na_2CO_3）の粉末を白金るつぼに充填し，それをアルミナるつぼに入れて，箱型炉で950℃に加熱する。20 ～ 30 分ほど保持して完全に溶融させた後，炉から取り出して耐火容器の中に注ぎ出す。この操作を付着物がほぼ完全に取り除かれるまで繰り返す。

こうして洗浄した白金るつぼは，希硝酸に浸して Na_2CO_3 を取り除く。このとき，中和反応によって激しい発泡が生じ，残存している付着物が除去される。最後に蒸留水でるつぼを十分に洗い流し，空気乾燥させてから清潔な場所に保管する。

傷んでしまった白金るつぼは改鋳に出す必要があるが，小さな穴が開いた程度であれば，つぎの方法で修理できる。

まず，穴を上向きにして，るつぼを耐火物の上に固定する。そして，ふたの端を切り取るなどして白金の小片を用意し，それを穴の上に載せる。つぎに，その場所を先の細い酸素−プロパン炎のバーナーで加熱すると，白金片が融けて球体になる。さらに加熱をつづけると，るつぼの表面も一部融解し，ある瞬間に白金球が広がって穴をふさぐ。このタイミングですぐに加熱を止めるのが重要で，加熱をつづけると元よりも大きな穴を開けてしまう。

 8.3　石英封入管を使った金属間化合物の育成

乾燥した空気の主成分は窒素（78%）と酸素（21%）であり，残りの1%にはアルゴンや二酸化炭素などが含まれている。通常，窒素は不活性な気体だと考えられる。したがって，空気は基本的に酸化性であり，8.2 節のように多くの酸化物の育成には適した雰囲気になる。一方，金属間化合物など高温の酸素と反応する物質は，適切な保護雰囲気を与えて結晶育成する必要がある。

雰囲気を制御する手段としては，まず7章で述べたように，管状炉に適切な

ガスを流す方法が挙げられる。例えば，高純度のアルゴンガスを流すことで，金属間化合物などの育成に必要な不活性雰囲気を調製できる[†]。同様に，制御した低酸素分圧のガスを流し，低原子価の遷移金属酸化物を育成することもある。

このような育成実験では，原料試薬を管状炉中に設置して，回転ポンプで粗引きしてから雰囲気ガスを流す。粗引きとガスの流入を2，3回繰り返した後，ガスの内圧を1気圧よりやや高めに設定して加熱を始める。加熱終了後は，炉を室温に戻してから大気に開放する。

ガスを取り扱うという点を除けば，この実験の基本的な操作は，空気中の育成とほぼ同様である。そこで本節では，原料を石英管中に封入して不活性雰囲気をつくる方法について具体的に見てみよう。なお，石英管の性質や封入法は7.2.2項で述べたとおりである。

8.3.1　石英封入管の特徴

まず，石英封入管を使用する育成実験には，管状炉に保護ガスを流す場合と比べて以下の利点がある。

1. 高温で蒸気圧が高くなる試料にも対応できる
2. 箱型炉が利用でき，一度に複数の試料を加熱できる
3. ガス中の不純物や炉心管の蒸発物による汚染が避けられる
4. 遠心分離法で結晶とフラックスを分離することができる

金属間化合物の育成では，フラックスだけを溶かす溶剤が見つからない場合が多く，4番目に挙げた遠心分離法はきわめて重要になる。ちなみに，この遠心分離法は，1989年の解説記事[3]によって多くの物性研究者の注意を引くようになり，それが契機となって，金属間化合物のフラックス育成は大きく発展した。また，P.C.Canfield を中心に，遠心分離法のいろいろな改良や洗練が試みられ，それらはいくつかの論文として報告されている[4)~9)]。

[†] 真空引きしている状態も不活性雰囲気であるが，溶融体の揮発などが問題になるため，フラックス法ではほとんど用いられない。

　一方，石英管に原料を封入する実験の欠点としては，（1）使用できるるつ
ぼの大きさは石英管の内径によって制限され，（2）育成温度は1 200℃以下
に限られる，などが挙げられる。

　これらの利点や欠点を把握したうえで，以下では，石英封入管を使ったフ
ラックス育成の実験方法を順に追ってみる。

8.3.2　石英管への封入

　もし，石英 SiO_2 と反応しない原料を加熱する場合は，石英管自体をるつぼ
として使用することができる。例えば，塩化物フラックスを使ったセレン化物
やテルル化物の育成は，通常，石英管中で直接溶融できる。塩化物のフラック
スは水溶性であることが多く，結晶の取り出しも容易である。

　一方，Al，Si，アルカリ金属，アルカリ土類金属，希土類金属，遷移金属と
いった元素を溶融する場合は，適切なるつぼを石英管中に入れる必要がある。
るつぼの代表的な材質としてはアルミナ，タンタル，BN などがあり，以下で
は最も広く使われるアルミナを例にとって説明する。

　まず，実験を始めるにあたって，片側の閉じた石英管を準備する必要があ
る。これは，作業台に固定したガスバーナーを使って，長い石英管の中心部分
を熱して二つに分けるか，開いている石英管の先端部分を強熱して閉じるよう
にする。

　つぎに，原料を秤量してアルミナるつぼに充填する。常温でも容易に酸化す
る金属を扱うときは，これらの操作をグローブボックス内で行う必要がある。
金属元素の原料は塊状であることが多いので，その場合は混合せず，そのまま
るつぼに入れる。このとき，低融点のフラックスを上部にして入れておくと，
加熱時に重力によって流れ落ち，溶質の溶解が進みやすくなる。

　つづいて，片側の閉じた石英管に石英ウールか石英の小片を入れ，その上に
原料を充填したるつぼを置く。こうしてるつぼを底上げすることにより，アル
ミナの熱膨張による加熱時の石英管の破損を防ぐことができる。

　つぎに，空のアルミナるつぼに石英ウールを詰め，これを逆さにして石英管に入れる（**図8.3**（a））。このるつぼは，遠心分離する際に，液体のフラックスを捕獲する役割をもつ。石英ウールが結晶を汚染する心配があるときは，図（b）のように，二つのるつぼの間に多数の穴が開いたアルミナフィルターを挿入する方法もある[†]。

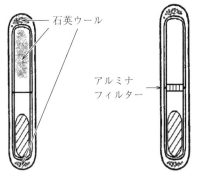
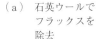
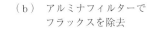

（a）　石英ウールで　　（b）　アルミナフィルターで　　（c）　アルミナるつぼが
　　　フラックスを　　　　　フラックスを除去　　　　　　入った石英封入管
　　　除去

図8.3　アルミナるつぼが入った石英封入管

　最後に，上部のるつぼの上に石英ウールを入れてから，石英管を真空ラインに接続してガスバーナーで封入する（7.2.2項参照）。最上部の石英ウールは，遠心分離のときに衝撃をやわらげるクッションの役割をもつ。

　こうして準備した石英封入管は，平底のアルミナ容器に入れて直立させ（図（c）），箱型炉に設置する。昇温・高温保持・徐冷の温度プログラムは8.2節の酸化物系の実験と同様であるが，徐冷終了後はその温度を保持するように設定する。なお，一般に金属溶液の粘度は酸化物系のそれよりも小さいので，徐冷速度は3〜10℃/hと比較的速くても十分である。

　徐冷が終わったら，トングを使ってアルミナの容器ごと電気炉から取り出し，それを逆さにして，石英管を遠心分離機の遠沈管に挿入する。そして，す

---

　†　アルミナフィルターとるつぼのセットは，Canfield Crucible Set という商品名で LSP
　　Industrial Ceramics 社（米国）から販売されている。

ぐに遠心分離を開始する。この操作はフラックスが冷却固化するまでの数秒が勝負になるので，手際のよさが要求される。遠心分離を止めて十分に冷えたら，石英管を取り出す。そして，石英管を紙タオルに包み，金づちで叩いて中身の結晶を採取する。

　なお，この実験には金属製の遠沈管をもつ遠心分離機（**図8.4**）を使う必要がある。遠沈管の底部や側面には石英ウールを詰めておき，挿入時の衝撃で石英管が割れないようにする。また，回転の釣り合いをとるために，対向側の遠沈管には石英管と同程度のおもりを入れておく。遠心分離は最初の1，2秒で終わるので，回転を無駄につづけても，石英管を割ったり結晶を傷めたりする原因になるだけである。

図 8.4　遠心分離機

8.3.3　タンタルるつぼの使用

　原料がアルミナやほかのセラミックス系るつぼと反応する場合や，蒸発して石英管と反応する場合は，タンタルるつぼを密封して使用することが多い（**図8.5**）。以下，この方法 [5),9)] を記述する。

　まず，タンタルのチューブと三つの円板を準備する。円板はチューブと密接するような形に折り曲げ，そのうちの一つに複数の穴を開けてフィルターとする。つぎに，アーク溶解炉を使って，穴のない円板の一つをチューブの先端に溶接する。これがるつぼの下部分になる。

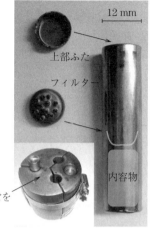

図 **8.5** タンタルるつぼの作製方法[9](Taylor & Francis(2014)より許可を得て転載)

　このるつぼに原料を充填した後，フィルターとする円板を原料の上部に入れて固定する。つぎに，残りの円板をるつぼの上端にアーク溶接して密封する。最後に，密封したタンタルるつぼを石英管に封入する。以後の実験手順は，アルミナるつぼの場合と同様である。

　図の左下は，アーク炉中でタンタルを溶接するときに使用する銅製の固定台である。このように熱伝導性のよい固定台を使うことで，溶接時における試料の蒸発が最小限に抑えられる。なお，アーク溶接はアルゴン雰囲気で行われるので，るつぼには若干のアルゴンガスが封入されることになる。

8.4 結 晶 の 評 価

　以上の手順で得られた結晶は，十分な**評価**（characterization）を経てから物性研究の試料として供される。評価の重要性は結晶育成のいろいろな本で強調されており，「結晶は完全（fully）に評価する必要がある」など，抽象的な理想論を掲げているものもある。実際は，結晶のなにについてどれだけ詳細に評価するかは，研究の目的によって異なり，手近に利用できる装置の種類によっ

ても大きく依存する。

　そこで，それぞれの評価技術の詳細は他書[10),11)]にゆずり，本節では，ごく概略的な事項を述べることにしよう。

　結晶の評価は大まかに分けて，（1）結晶構造や化学組成を調べる物質の同定，および（2）結晶中に存在する欠陥などの不完全性や不均質性を調べる質の評価，の2種類がある（結晶中に含まれる欠陥のおもな種類については，4.8節を参照）。

8.4.1　物 質 の 同 定

　結晶構造と化学組成を調べる物質同定では，要するに，結晶が物質としてなんであるのかを評価する。その目的に使われる代表的な方法は**粉末X線回折**（powder X-ray diffraction）であり，粉末にした試料の回折パターンから結晶構造や不純物相の有無が確認できる。一方，新物質の結晶構造を正確に決めるには，4軸回折計などを使った単結晶X線回折が強力な手法となる。ただし，粉末や単結晶の回折実験において，固溶体の化学組成や結晶格子に入った不純物を精密に調べるのは，一般的に難しい。フラックス法では，出発組成とは異なる組成の結晶になりやすく，十分な精度で化学組成を決定することが必要になってくる。

　そこで，結晶の化学組成を決定するために，元素分析が広く用いられている。元素分析の多くは，分光分析を基本としている。すなわち，物質に外部からなんらかの刺激を与えて励起させ，励起状態から発せられる電磁波や電子を分光し，存在する元素の種類と量を明らかにする。例えば，物質にX線を照射して，そこで放出される特性X線から元素分析を行うのが**蛍光X線分析**（X-ray fluorescence analysis）である。

　あるいは，X線の代わりに電子線を試料表面に照射して，そこで放出される特性X線を調べるのが**電子プローブマイクロアナリシス**（electron probe micro-analysis，EPMA）である。電子線はきわめて細くまで絞れるので，EPMAでは，1 μm以下の分解能で結晶中の組成変動を調べることもできる。

　物質の励起方法としては熱エネルギーもあり，それを利用した代表例が**誘導結合プラズマ発光分光分析**（inductively coupled plasma-optical emission spectroscopy，ICP-OES）である。この方法は，試料を溶液として準備する必要があるが，多くの元素について非常に高感度の分析が可能になる。

　また，物質同定に関連して，結晶の方位を決定するのも重要な評価の一つである。明確な結晶面が現れている場合は外形から方位が推測できることも多いが，X線回折の一種である**ラウエ法**（Laue method）を用いると，外形によらずに方位が決められる。

8.4.2 質 の 評 価

　どの物性研究でも，結晶試料の同定は必須であるのに対して，結晶中の欠陥をくわしく調べる意義については，共通な見解が得られていない部分も多い。これは，ある目的のために物性を測定するのであれば，その物性自身（例えば，相転移が現れる温度や，そこで性質が変化する鋭さなど）が，その研究のための最良な質の評価方法になると考えることが多いからである。

　その一方，そういった物性測定とは独立して，結晶学的な意味で結晶中の不完全性をくわしく調べることを重要視する立場もある。特に，いろいろな欠陥の観察は，結晶の成長過程を理解するうえで重要な情報源になり，育成条件を改善させていくためには欠かせない。

　そこで，結晶を育成したら，光学顕微鏡，特に偏光顕微鏡を使った観察程度の評価は必ず行うようにしたい。成長したまま（as-grown）の表面を詳細に観察すれば，その結晶の成長履歴や品質について，多くの判断を下せるようになる。偏光下の観察では，双晶壁や成長分域が明確に現れることも多い。また，適切な**腐食剤**（etchant）で結晶表面を処理することにより，表面付近に存在する転位を腐食孔として識別することができる。

　もちろん，透明な結晶では内部の観察も可能であり，包有物や巨視的な格子ひずみなどがとらえられる。これらの見え具合は光の当て方に大きく依存するので，照明角度を自由に変えられる光ファイバーのライトガイドは便利にな

る。また，結晶を水などに液浸させると，表面からの反射が抑えられて内部が見やすくなる。

　さらに，微視的な観察・評価には，各種の電子顕微鏡やX線回折が中心的な役割を果たす。例えば，**走査型電子顕微鏡**（scanning electron microscope, SEM）は，電子線を試料表面上に走査させ，そこから放出される2次電子を検出して画像化する装置である。この方法では，試料の立体像が数 nm 程度の分解能でとらえられる（SEM に特性 X 線の検出器を取り付け，EPMA と同様な元素分析を行うことも多い）。

　それに対して，**透過型電子顕微鏡**（transmission electron microscope, TEM）では 100 nm 程度に薄くした試料に電子線を透過させ，結晶内部の構造や欠陥を2次元的な像として観察する。その倍率や分解能は SEM よりも高く，原子レベルの観察も可能になる。

　X 線の回折現象を利用した格子欠陥の評価法としては，まず**ロッキングカーブ**（rocking curve）の測定が挙げられる。これは，単結晶による X 線の回折ピークが現れる条件において，結晶面の向きを少しずつ変化（ロッキング）させ，ピークの幅や形を調べる方法である。結晶性がよくモザイク性（微視的な結晶方位のゆらぎ）が小さい結晶ほど，ある特定の角度でのみ X 線が回折される。そのため，半値幅[†]の小さい鋭いピークになる。

　これに対して，**X 線トポグラフ法**（X-ray topography）は，結晶中の X 線が照射される場所を移動させ，回折強度を色の濃淡としてマッピングする方法である。格子欠陥の周囲では，ひずみによって X 線の回折強度が増加するため，マッピングの濃淡模様から欠陥の形や分布が観察できる。この方法の分解能は 1 μm 程度であるが，試料の準備に TEM のような破壊加工をする必要がなく，また，観察領域が広いといった利点がある。

[†]　半値幅はピーク高さの半分の場所でのピーク幅であり，FWHM（full width at half maximum）と表記されることが多い。

8.5　結晶を扱う際の注意点

最後に，初歩的であるがために逆に忘れやすい点をいくつか指摘して，読者に注意を喚起することにしたい。

〔**1**〕　**実験の詳細な記録を残す**　　フラックス法では，ちょっとした実験条件の違いで結果が大きく異なってくることが少なくない。その場合，複数の実験における育成条件とその結果を照らし合わせる必要がある。このとき，育成条件はきちんと実験ノートに残していても，実験結果のほうは十分な記録を忘れてしまいやすい。

そのような不備を防ぐために，育成後の結果は写真に残し，文章でも観察事項をいろいろと記録しておく習慣をつけておきたい。ここで，最も貴重になる情報はるつぼ内部の状態である。どのような大きさ・数・形態の結晶がるつぼのどこに成長したかに加えて，残っているフラックスの量と状態，さらに，別の物質が共生した場合はそれについても記録する。どの点について後で比較するようになるのか当初はわからないので，気付いた点はすべてノートに記しておく。

また，失敗した実験の克明な記録も欠かせない。これはネガティブデータも参考になるという積極的な理由だけでなく，同じ失敗を2度，3度と繰り返さないためにも必要である。

〔**2**〕　**ピンセットの使い方に慣れる**　　フラックス法で得られた結晶は，その大きさからピンセットを使って取り扱うことになる。ふだん箸で食事をする日本人にとってはあまり問題にならないが[†]，それでもピンセットには十分慣れたうえで貴重な結晶試料を取り扱うようにしたい。

特に注意したいのが，不規則な形をした小さな結晶である。このような結晶をおざなりにピンセットで持ち上げると，余計な力で結晶を弾いてしまい，見

---

†　著者は，ピンセットがまったくうまく使えない外国の学生を何人か見たことがある。

えない方向に飛ばしてしまう。これを避けるには，ピンセットの先が結晶を安定に保持できる角度や位置にあることを確認し，適切な力を使ってつまむようにする。先が鋭いピンセットはもろい結晶を壊しやすいので，先端部分がプラスチックになっているものや，いろいろな形状のものをいくつかそろえておくとよい。

〔**3**〕 **目録を付けて結晶を保管する**　結晶を得るために費やした労力と比べて，その保管方法があまりにもずさんである事例が意外に多い。ちょっと袋などに閉じて引き出しに入れた結晶は，それがなんであったかすぐに忘れ，やがてはその存在すら忘れてしまう。

この点でまず喚起したいのは，実験室や作業机の整理整頓である。結晶を散らかった場所に置いておくと，紛失やほかの結晶と取り違える原因にもなり，大きなミスを誘発してしまう。

そこで，結晶は必ずラベルの付いた透明の容器に入れ，特定の安全な場所に保管するようにする。ラベルには物質名だけでなく，育成者の名前と日付，および通し番号なども記載する。そして，それらの情報は専用のノートにも記しておき，その結晶がどのように育成され，どういう方法で評価されたかを明確に記載しておく。

このような目録は，結晶育成者にとって便利なだけでなく，将来他人がその結晶を活用することも可能にさせる。一例を挙げると，ベル研究所のグループが世界中のライバルに先駆けてペロブスカイト型マンガン酸化物のスピン波を決定したのは，このテーマが大流行し始めた1995年のことであった[12]。このときに使われた結晶は，J.P.Remeikaが1970年代に育成したものであり，彼は1988年に白血病ですでに亡くなっていた。Remeikaがフラックス法で育成した結晶は，現在でも世界中の物性研究者に供されている[13]。

付　　　　録

A.1　口絵の解説

本書の巻頭には，著者が育成した 12 種類の結晶の写真を掲げた（**口絵 1 〜 口絵 12**，写真の目盛りは 1 mm）。これらは巻末の引用・参考文献に従って育成したもので，フラックス法で容易に得られる結晶の典型的な例である。以下には，それぞれの結晶の育成条件と，物質としての特徴を簡単に記した。なお，実験に使用した白金るつぼの大きさは 15 mL か 30 mL である。

〔**1**〕　**$BaFe_2As_2$**（口絵 1）

育成手順[1]：mol 比 1 : 4 の Ba と FeAs をアルミナるつぼに入れ，アルゴンガスと一緒に石英管に封入した。1 180 → 1 000℃ を 36 時間で徐冷後，遠心分離法でフラックスを除去した。

特　　　徴：$BaFe_2As_2$ は鉄系高温超伝導体の母物質の一つである。

〔**2**〕　**$CdCr_2Se_4$**（口絵 2）

育成手順[2]：mol 比 4 : 4 : 2 の Cd，Se，$CrCl_3$ を石英管に封入し，900 → 500℃ を 7 日間で徐冷した後，フラックスを水で除去した。

特　　　徴：$CdCr_2Se_4$ は数少ない強磁性半導体の一つであり，そのキュリー温度は 130 K である。

〔**3**〕　**$CuGeO_3$**（口絵 3）

育成手順[3]：mol 比 0.15 : 0.85 の CuO と GeO_2 をアルミナるつぼに入れ，1 160 → 1 100℃ を 70 時間で徐冷した。

特　　　徴：$CuGeO_3$ は，無機化合物でスピン・パイエルス転移が発見された最初の例である（1993 年）。スピン・パイエルス転移とは，フォノンと結合したスピン 1/2（Cu^{2+}）の 1 次元鎖が低温でスピン一重項状態に移る相転移である。

〔4〕　**Dy₂Ti₂O₇**（口絵4）

育成手順[4]：重量比 1.8：0.8：5.0：7.0：7.0：0.5 の Dy_2O_3，TiO_2，MoO_3，PbF_2，
　　　　　　　PbO，PbO_2 をふたで閉じた白金るつぼに入れ，1 250 → 800℃を 1℃/h
　　　　　　　で徐冷した。

特　　　徴：$Dy_2Ti_2O_7$ は，スピン・アイスと呼ばれる状態（Dy^{3+} スピンの整列様式が氷
　　　　　　　の水素イオンのものと同等になる）を低温で示す。近年，スピン・アイス
　　　　　　　からの素励起が磁気モノポールのようにふるまうことが発見されている。

〔5〕　**KNiF₃**（口絵5）

育成手順[5]：重量比 9.7：11.6：38.5：3.5 の NiF_2，KF，$PbCl_2$，NH_4HF_2 をふたで閉
　　　　　　　じた白金るつぼに入れ，900 → 350℃を 4℃/h で徐冷した。

特　　　徴：$KNiF_3$ は立方晶ペロブスカイト型の結晶構造をもち，理想的な3次元ハイ
　　　　　　　ゼンベルグ反強磁性体として知られている。

〔6〕　**KTiOPO₄**（口絵6）

育成手順[6]：mol 比 4：2：3 の K_2HPO_4，TiO_2，WO_3 を，ふたを置いた白金るつぼに
　　　　　　　入れ，1 020 → 700℃を 1℃/h で徐冷した。

特　　　徴：$KTiOPO_4$ は非線形光学結晶であり，Nd:YAG レーザーからの波長 1 064 nm
　　　　　　　の近赤外光を 532 nm の緑色光に変換させる結晶として利用されている。

〔7〕　**La₀.₇Pb₀.₃MnO₃**（口絵7）

育成手順[7]：重量比 1.14：1.15：8.89：9.46 の La_2O_3，$MnCO_3$，PbO，PbF_2 をふた
　　　　　　　で閉じた白金るつぼに入れ，1 050 → 885℃を 0.2 〜 1.2℃/h で徐冷した。

特　　　徴：$La_{0.7}Pb_{0.3}MnO_3$ は，巨大磁気抵抗効果を示すペロブスカイト型マンガン酸
　　　　　　　化物の研究においてくわしく調べられている。

〔8〕　**MgSiO₃**（口絵8）

育成手順[8]：重量比 1.89：2.82：52.55：32.27：9.26 の MgO，SiO_2，MoO_3，$LiCO_3$，
　　　　　　　V_2O_5 を，ふたを置いた白金るつぼに入れ，950 → 875℃を 0.44℃/h，
　　　　　　　875 → 600℃を 6.0℃/h で徐冷した。

特　　　徴：常圧で得られる $MgSiO_3$ は，鉱物エンスタタイトと同じ物質である。一方，
　　　　　　　地球の下部マントルの最底部（深さ 2 700 〜 2 900 km で，核との境界付

近）では，ポスト・ペロブスカイト型構造の $MgSiO_3$ が高圧（＞ 125 万気圧）安定相として存在することが 2004 年に発見された。

〔9〕　**$PbZn_{1/3}Nb_{2/3}O_3$**（口絵 9）

育成手順[9]：重量比 93.7：4.52：14.8：0.56 の PbO，ZnO，Nb_2O_5，B_2O_3 をふたで閉じた白金るつぼに入れ，1 180 → 700℃ を 2 ～ 5℃/h で徐冷した。

特　　徴：$PbZn_{1/3}Nb_{2/3}O_3$ はリラクサーと呼ばれる特殊な強誘電体の一つであり，$PbTiO_3$ を固溶させた結晶（PZN-PT）は，医療超音波プローブなどの圧電材料として利用されている。

〔10〕　**SmB_6**（口絵 10）

育成手順[10]：SmB_6：Al ＝ 1：20 の重量比となる Sm，B，Al をアルミナるつぼに入れ，アルゴンガスを流した状態で，1 300 → 600℃ を 100 時間で徐冷した。

特　　徴：SmB_6 は，特異な電気伝導性を示す半導体として 1969 年から知られており，近年では，トポロジカル近藤絶縁体の 1 例としてくわしく調べられている。

〔11〕　**$TbMn_2O_5$**（口絵 11）

育成手順[11]：重量比 9.2：11.5：1：36：54：3.3 の Tb_4O_7，$MnCO_3$，B_2O_3，PbO，PbF_2，PbO_2 をふたで閉じた白金るつぼに入れ，1 280 → 950℃ を 1.2℃/h で徐冷した。

特　　徴：$TbMn_2O_5$ は，強誘電性と磁気秩序が結合しているマルチフェロイクスとして知られている。

〔12〕　**VO_2**（口絵 12）

育成手順[12]：石英ガラスの容器に入れた V_2O_5 をアルゴンガス気流中 1 000℃ で 156 時間加熱した後，フラックスをアンモニア水で除去した。

特　　徴：VO_2 は高温では金属であるが，冷却すると，340 K で結晶構造の変化と絶縁体化が起こる。その金属−絶縁体転移のメカニズムは，現在でも活発に研究されている。

1975 年以降に報告されたフラックス育成の例

個々の物質に関するフラックス育成の文献調査に便利なのは，D.Elwell と H.J. Scheel の名著『Crystal Growth from High-Temperature Solutions』（Academic Press，1975）である。この本の最後には，1975 年までの非常に充実した育成例が引用文献とともに掲げられている。現在，この本の PDF ファイルは，チューリッヒ工科大学の学術リポジトリ[†1] や Scheel 氏のホームページ[†2] から無料でダウンロードできる。

付表では，より最近の育成例の一部を提示することを目的として，1975 ～ 2018 年に『Journal of Crystal Growth』誌で発表されたフラックス法の論文を示した。ここに含めたのは，種子結晶を使わない徐冷法か蒸発法によって，1 mm 角程度以上の大きさの結晶を得た報告例である。数気圧以上の高圧下で行われた実験は除外した。また，同じ物質について複数の論文がある場合は，基本的に一つの例だけを挙げた。

表には，最高温度（多くは徐冷の開始温度に対応），結晶の最大長（mm），および論文の発表された巻（volume）と最初の項（page）を示した。最後の 2 点があれば，その論文を図書館やオンライン上で見つけられるはずである。

なお，銅酸化物高温超伝導体は，化学組成の少しずつ異なる結晶の報告例が無数にあるので，これらは表に含めないことにした。

[†1]　https://www.research-collection.ethz.ch/handle/20.500.11850/153060（2020 年 4 月現在）

[†2]　http://www.hans-scheel.ch/downloads.html（2020 年 4 月現在）

付表 1mm角程度以上の大きさの結晶を得た報告例

結　晶	フラックス	最高〔℃〕	mm	備　考	巻	頁
$A_{0.3}MoO_3$	A_2O-MoO_3	605	8	A = K, Rb, Cs	70	476
$A_{0.9}Mo_6O_{17}$	A_2O-MoO_3	572	5	A = Na, K	70	476
$A_2Nb_4O_{11}$	A_2O	1 200	15	A = Cs, Rb 巻：237-239	237	703
A_2SiO_4	$PbO-PbF_2$	1 270	10	A = Co, Zr, Th, Zr, Zn, Mg Si = Ge	37	51
A_2SnO_4	$Bi_2O_3-V_2O_5$	1 300	3	A = Mg, An, Co	59	662
ABO_3	$PbO-PbF_2$	1 000	8	A = Fe, Ga, In, Sc, Lu	455	55
$Ag(Ta,Nb)O_3$	$Ag_2O-V_2O_5$	1 152	5	ほかの論文あり	96	703
Al_2O_3:Cr	$Bi_2O_3-PbF_2-La_2O_3$	1 270		ほかのフラックスあり	280	551
$Al_{71}Pd_{21}Mn_8$	Al	875		準結晶	225	155
$Al_{80}Ni_{11}Co_{17}$	Al	1 200		準結晶	225	155
Al-Mg-B	Al	1 500	4	ほかのホウ化物あり	99	998
AlN	Fe	1 700	1		34	263
ANb_2O_6	$Na_2B_4O_7$	1 240	8	A = Mg, Zn, Ba	58	463
APd_3O_4	KOH	750	2	A = Ca, Sr	216	299
$AR_9(SiO_4)_6O_2$	$(Na,Li)MoO_4$	1 380	4	A = Li, Na R = Eu, Nd	99	879
ASb_2O_6	$V_2O_5-B_2O_3$	1 000	2.5	A = Mn, Co, Ni, Cu	154	334
A_xMoO_3	$A_2Cl-NaCl$	800	6	A_x = $K_{0.30}$, $Rb_{0.33}$, $Cs_{0.33}$	465	27
$(Ba,Ca)TiO_3$	KF	1 160	10		94	125
$(Ba,K)Fe_2As_2$	Sn			溶解度の研究	316	85
$(Ba,Sr)_2Zn_2Fe_{12}O_{22}$	$Na_2O-Fe_2O_3$	1 420	27		83	403
$(Ba,Sr)TiO_3$:Co	KF	1 220	5	巻：237-239	237	858
$Ba_2Fe_{10}Sn_2CoO_{22}$	$BaO-B_2O_3$	1 260	3	ほかの組成あり	110	617
$Ba_2Ho(Ru,Cu)O_6$	$PbO-PbF_2$	1 250	3		290	490
$BaAlBO_3F_2$	NaF		9.5		260	287
BaB_2O_4	$NaCl-Na_2O$	880		ほかの論文あり	97	613

付表 （つづき）

結　晶	フラックス	最高〔℃〕	mm	備　考	巻	頁
$BaCoO_3$	NaOH–KOH	750	2		430	52
$Ba(Fe,Co)_2As_2$	(Fe,Co)As	1 190	10	ほかの論文あり	321	55
$BaFe_{12}O_{19}$	$Na_2O–B_2O_3$	1 200	10		169	509
$BaFe_2(As,P)_2$	BaAs–BaP	1 150	5		446	39
$BaMoO_4$	LiCl	700	3		53	627
$Ba(Pb,Bi)O_3$	$PbO–PbO_2–Bi_2O_3$	1 080	6	ほかの論文あり	151	295
$BaSO_4$	LiCl–KCl	600	15		234	533
$BaTiO_3$	KF	1 200	7		468	753
$BaTiO_3$:F	$LiF–BaF_2–LiBO_2$	1 130	7		67	79
$Be_3Al_2Si_6O_{18}$:Cr	$V_2O_5–Li_2O–P_2O_5$	1 000			193	648
BeO	$K_2MoO_4–MoO_3$	1 100			42	284
$Bi_2Ru_2O_7$	$Bi_2O_3–V_2O_5$	1 150	1		68	647
Bi_2TeI	Bi	850	5		440	26
$Bi_2Ti_2O_7$	$Bi_2O_3–V_2O_5$	1 300	10	ほかの Bi–Ti–O 相あり	41	317
Bi_2WO_6	$WO_3–Na_2O–NaF$	900	10	ほかの論文あり	54	217
$Bi_4Ti_3O_{12}$:Nd	Bi_2O_3	1 250	10	ほかの論文あり	310	2 471
$Bi_6Mo_2O_{15}$	多種		6	ほかの相あり	51	377
$BiFeO_3$	Bi_2O_3	852	2		318	936
$BiFeO_3$	$Bi_2O_3–B_2O_3$	850	5		129	515
$BiFeO_3–PbTiO_3$	$PbO–Bi_2O_3$	1 200	5		285	156
$Bi(Sc,Ga)–PbTiO_3$	$Pb_3O_4–Bi_2O_3$	1 250	8		247	131
$BiScO_3–PbTiO_3$	$Pb_3O_4–Bi_2O_3$	1 200	15		236	210
BN	Ni–Cr	1 500	2	ほかの論文あり	403	110
BP	Ni_2P	1 200	5		33	53
$Ca_2Al_2SiO_7$	$PbO–PbF_2$	1 200	3	ほかの結晶あり	102	919
$(Ca_2CoO_3)_{0.62}(CoO_2)$	$SrCl_2$	927	5	Sr ドープ	276	519
Ca_2GeO_4:Cr	$CaCl_2–CaF_2$	1 050	10		211	295
$Ca_3Co_4O_9$	K_2CO_3	895	10	ほかのフラックスあり	277	246

付表　（つづき）

結　晶	フラックス	最高〔℃〕	mm	備　考	巻	頁
$Ca_3Si_2O_7 \cdot 1/3CaCl_2$	$CaCl_2$	1 300	15		52	660
Ca_4PtO_6	$CaCl_2-CaF_2$	1 000	2		51	1
$CaCu_3Ti_4O_{12}$	$CuO-TiO_2$	1 200	6		408	60
CaF_2	KCl	1 000	10	ほかのフラックスあり	44	625
$Ca(Fe,Co)AsF$	CaAs	1 230	1		451	161
CaO	$LiF-CaF_2$	1 250	3		39	223
$CaTiO_3$	KF	1 170	2	ほかのフラックスあり	94	125
CaV_3O_7	$NaVO_3$	900	8	CaV_4O_9 も成長	240	170
$CdCr_2O_4$	$Bi_2O_3-V_2O_5$	1 210	2.5	ほかのフラックスあり	54	607
$CdCr_2Se_4$	$CdCl_2$	900	4		40	253
$CdGa_2O_4$	$PbO-B_2O_3$	1 250	1.2		171	131
$CdGeAs_2$	Bi	750	20		28	138
$CdGeP_2$	Bi	830	12		50	567
$CdTiO_3$	KF	1 120	2		94	125
$(Ce,Pr)O_2$	$Na_2B_4O_7-NaF$	1 200	3	ほかのフラックスあり	87	463
$CeFe_2$	Ce	1 100		ほかの希土類あり	225	155
CeO_2	$PbO-PbF_2$	1 330	8	添加物あり	66	346
CeO_2:Yb	PbF_2	1 240	3		35	239
CeRuPO	Sn	1 500	2.5		310	1 875
$(Co,Mn)_3O_4$	PbF_2	1 170	4	蒸発法	344	65
$Co_3(Sn,In)_2S_2$	$Sn-In-Pb$	1 050	7		426	208
$CoFe_2O_4$	$Na_2B_4O_7$	1 350	5		289	605
$CoFe_2O_4$:Dy	$Na_2B_4O_7$	1 350			340	171
CoV_2O_6	$V_2O_5-PbCl_2$	800	10		388	103
Cr_2O_3	$K_2Cr_2O_7$	1 200	7	ほかの論文あり	47	551
$CsAu_2X_6$	$CsX-Au$	630	0.6	$X=Br, I$	355	13
$CsNiMF_6$	$CsCl-NH_4HF_2$	1 200	12	$M=Fe, Cr$	54	610
$CsVF_4$	$PbCl_2-NH_4HF_2$	860	12	ほかのフッ化物あり	47	159

付表　（つづき）

結　晶	フラックス	最高〔℃〕	mm	備　考	巻	頁
$Cu_3Nb_2O_8$	$V_2O_5-K_2MoO_4$	1 200	4		475	281
$CuAlO_2$	Cu_2O	1 160	2		310	4 325
$CuGaS_2$	Pb		6	ほかのフラックスあり	53	451
$CuGaSe_2$	In	1 000		ほかの論文あり	84	673
$CuGeO_3$	Bi_2O_3	1 050	40	Co，Gaドープ ほかの論文	204	311
$Cu(In,Ga)S_2$	CsCl	1 030	4		412	16
$CuIr_2S_4$	Bi	1 000	1		210	772
CuO	$BaO-B_2O_3$	1 000	35	$BaCuO_2$ も成長	129	239
$CuSb_2O_6$	V_2O_5	1 000	2		72	753
CuV_2O_6	$V_2O_5-K_2SO_4$	600	3		231	498
$CuWO_4$	$Na_2WO_4-CuCl_2$	850	40		88	379
$DyFeO_3$	$PbO-PbF_2-B_2O_3$	1 245	20	MoO_3 を添加	29	281
$Er_2Si_2O_7$	$PbO-PbF_2-MoO_3$	1 270	3	KF を添加	43	336
Eu_2O_3	NaF	1 200	5		41	309
Fe	$Li-Li_3N$	950	3		485	50
$(Fe,Ga)_2O_3$	Bi_2O_3-Na2O	1 250			87	578
Fe_2O_3	$PbO-V_2O_5$	1 250	8	溶解度の研究	49	182
Fe_2O_3	V_2O_5-KCl	900	5	37 種類のフラックス	58	636
$FeBO_3$	$PbO-PbF_2$	870	18		71	607
FeS_2	Te	650	7	温度勾配法	92	287
$FeSi_2$	Zn	930	1	巻：237-239	237	1 971
Ga_2GeO_4	$Li_2O-B_2O_3$			ほかの相あり	426	25
$GaPO_4$	Li_2O-MoO_3	950	8	ほかの論文あり	310	1 455
Gd_2GeMoO_8:Yb	MoO_3	1 100	4		318	991
$GdRh_2Si_2$	In	1 550			419	37
GeO_2	K_2O-MoO_3	960	4	SiO_2 の置換あり	316	153
In_5S_4	Sn	1 100	2		52	673

付表 （つづき）

結　晶	フラックス	最高〔℃〕	mm	備　考	巻	頁
$InBO_3$	PbO	1 300	65	種子結晶の使用例あり	64	385
$InBO_3$:Tb	$LiBO_2$	1 150	30		99	799
(K,Li)TaO_3	K_2O	1 325			56	673
(K,Na)NbO_3	NaF_2	1 250			46	274
$K_{1.98}Fe_{1.98}Sn_{6.02}O_{16}$	$K_2O-MoO_3-B_2O_3$	1 000	3		390	88
$K_{1+x}Fe_{11}O_{17}$	$B_2O_3-K_2O-KF$	1 200	6.6		71	253
$K_5V_3F_{14}$	$PbCl_2$	850	6	$KTiF_3$, VF_2 も育成	33	165
$KBe_2(BO_3)F_2$	$KF-B_2O_3$	800	30	ほかの論文あり	318	610
$KFeF_3$	$PbCl_2-NH_4HF_2$	820	3	$RbFeF_3$, CrF_2, KVF_4 も育成	29	301
KMF_3	$PbCl_2-NH_4HF_2$	960	5	M = Fe, Co, Ni	39	243
$KNbB_2O_6$	$K_2B_4O_7$	975	5	ほかの組成あり	220	263
$KNiF_3$	$KCl-KHF_2$	1 050	8		54	610
K(Ta,Nb)O_3	K_2O	1 400	35	ほかの論文あり	59	468
$KTiOPO_4$	$K_2WO_4-P_2O_5$	1 000	10	ほかの論文・関連相あり	75	390
(La,Na)Fe_2As_2	NaAs	1 150	2	Al_2O_3 るつぼとの反応	416	62
(La,Pr)AlO_3	$PbO-PbF_2-B_2O_3$	1 300	15	MoO_3 の添加	33	150
$La_{2/3}TiO_{3-x}$	$KF-Na_2B_4O_7$	1 000	3	950℃では別の相	96	490
$La_2Cu_2O_5$	CuO	1 115	7		212	142
La_5Pb_3O	Co	1 150	4	Al_2O_3 るつぼとの反応	416	62
$LaAlO_3$:Cr	PbF_2	1 270	5		47	315
$LaBO_3$	$PbO-B_2O_3$	1 240		溶解度の研究	58	111
LaCuOS	NaCl-KCl	850	3		311	114
Li_2MnO_3	LiCl	900	4		66	257
$Li_3Ba_2Nd_3(MoO_4)_8$	Li_2MoO_4	1 000	40		381	61
Li_3ThF_7	$LiCl-ZnCl_2$	900	4.7	ほかの組成あり	40	157
$Li_4Ti_5O_{12}$	$LiF-LiBO_2$	1 000	2	$LiTi_2O_4$ も成長	250	139
$LiAlSiO_4$	$LiF-AlF_3$	1 100	15		42	289

付表 （つづき）

結　晶	フラックス	最高〔℃〕	mm	備　考	巻	頁
$LiCuVO_4$	$LiVO_3-LiCl$	560	4	ほかの論文あり	220	345
$LiInGeO_4{:}Cr$	Bi_2O_3	1 070	20		274	149
$LiMo_3Ni_2O_{12}$	Li_2O-MoO_3	1 300	8	Ni = Mg もあり	34	301
$LiNd(MoO_4)_2$	Li_2O-MoO_3	700	2		423	1
$(Mg,Fe)SiO_3$	$Li_2O-MoO_3-V_2O_5$	1 014	8		200	155
$MgAl_2O_4$	$PbO-PbF_2-B_2O_3$	1 270		意図的な双晶化	49	753
$MgSiO_3$	$Li_2O-MoO_3-V_2O_5$	950	8	ほかの論文あり	180	206
$MgSiO_3{:}Ti/Ni$	$Li_2O-MoO_3-V_2O_5$	950	1.5		329	86
$Mn_2V_2O_7$	SrV_2O_6	1 080	5		310	171
$Mn_{2-x}Fe_xBO_4$	$Na_2O-MoO_3-Bi_2O_3$	1 100	8		475	239
$MnSi$	Ga	1 200	2.4		229	532
$MnSiO_3$	$MnCl_2$	920	7		94	981
$(Mo,W)Se$	Sb	1 100	10	ほかのフラックスあり	76	93
MoO_3	Na_2MoO_4	670	30		194	195
$(Na,K)_{1/2}Bi_{1/2}TiO_3$	$Bi_2O_3-Na_2O-K_2O$	1 100	5		281	364
$(Na,K)Fe_xSe_2$	$NaCl$	720			405	1
$Na_{1/2}Bi_{1/2}TiO_3-BaTiO_3$	Bi_2O_3	1 300	13	ほかの論文あり	441	64
$Na_2Nd_2Pb_6(PO_4)_6Cl_2$	$PbO-PbCl_2$	1 000	5		43	81
$Na_2Ti_2Sb_2O$	$NaSb$	1 100	4.2		265	571
$Na_2W_4O_{13}$	$Na2O$	1 100	35		229	477
$Na_5Fe_3F_{14}$	$NaCl-CoCl_2$	650	2	Fe = Mn, Ni もあり	32	211
Na_8Si_{46}	$Na-Sn$	450	1.5	蒸発法	450	164
$NaCa_2M_2V_3O_{12}$	$Na_2O-V_2O_5-PbO$	1 100	10	M = Mg, Co, Mn	52	650
$NaCu_2O_2$	CuO	940	7		263	338
$Na(V,Ti)_2O_5$	$NaVO_3$	800	12		210	646
NaV_2O_5	$NaVO_3$	800	10		181	314
$Na_xCo_2O_4$	$NaOH-NaCl$	550			310	665
$Na_xTi_4O_8$	$NaBO_3$	1 265	14	Ti = Fe, Ni もあり	43	153

付表 （つづき）

結　晶	フラックス	最高〔℃〕	mm	備　考	巻	頁
Nb_5Sn_2Ga	Sn–Ga	1 400	10	Ta_5SnGa_2, $V_5Sn_5Ga_3$ もあり	99	969
NbC	Ni	1 400	2		62	557
$(Nd,Dy)Fe_3(BO_3)_4$	Bi_2O_3–B_2O_3–MoO_3	1 000	2		312	2 427
$(Nd,La)P_5O_{12}$	H_3PO_4	700	10	ほかの論文あり	35	329
$(Nd,Pr)GaO_3$	PbO–PbF_2–MoO_3	1 280	4.5		128	699
Nd_3BWO_9:Yb	PbO	1 100	10		247	467
$Nd_4Ca_2Ti_6O_{20}$	PbO	1 280	10	ほかのフラックスあり	65	576
NdOCl	$NdCl_3$	1 350	10		57	194
$NdTa_7O_{19}$	$Li_2B_4O_7$		3		224	67
Ni_2SiO_4	Li_2O–MoO_3	1 400	10		33	193
$Ni_3V_2O_8$	SrO–V_2O_5	1 000	3		297	1
$NpPd_3$	Pb	1 050	3		320	52
$(Pb,La)(Zr,Sn,Ti)O_3$	PbO–PbF_2–B_2O_3	1 200	2	ほかの論文あり	318	860
$Pb_2Ru_2O_{6.5}$	PbO	1 250	9		271	445
$PbB'_{1/2}B''_{1/2}O_3$	PbO–PbF_2–B_2O_3	1 200	6	$B'B''$= InNb, InTa, YbNb, YbTa, MgW	310	2 767
$PbCo_{1/2}W_{1/2}O_3$	PbO	1 230	17	ほかの論文あり	82	396
$PbFe_{1/2}Nb_{1/2}O_3$	PbO	1 260	15		56	541
$PbFe_{1/2}Ta_{1/2}O_3$	PbO	1 230	5		82	396
$PbFe_{1/2}W_{1/2}O_3$	PbO–B_2O_3	1 030	3		167	628
$PbIn_{1/2}Nb_{1/2}O_3$–$PbTiO_3$	PbO–PbF_2–B_2O_3	1 200	20		229	299
$PbMg_{1/3}Nb_{2/3}O_3$–$PbTiO_3$	PbO–Pb_3O_4–B_2O_3	1 090	6	ほかの論文あり	289	134
$PbMg_{1/3}Nb_{2/3}O_3$–$PbTiO_3$	PbO–H_3BO_3	1 070	14	$BiZn_{1/2}Ti_{1/2}O_3$ ドープ	318	839
$PbMg_{1/3}Ta_{2/3}O_3$–$PbTiO_3$	PbO–Pb_3O_4–B_2O_3	1 130	4	ほかの論文あり	310	594
$PbMn_{1/2}Nb_{1/2}O_3$	PbO	1 260	6		56	541
$PbSc_{1/2}Nb_{1/2}O_3$–$PbTiO_3$	PbO–B_2O_3	1 300	4	ほかの論文あり	250	118
$PbTiO_3$	PbO	1 100	5	ほかの論文あり	128	867

付表　（つづき）

結　晶	フラックス	最高〔℃〕	mm	備　考	巻	頁
$PbWO_4$	Na_2WO_4	950	8		57	452
$PbYb_{1/2}Nb_{1/2}O_3-PbTiO_3$	Pb_3O_4	1 200	6		234	415
$PbZn_{1/3}Nb_{2/3}O_3-PbTiO_3$	PbO	1 250	30	ほかの論文あり	216	311
$Pb(Zr,Ti)O_3$	PbO	1 170	10		33	29
$Pd(Co,Mg)O_2$	$PdCl_2$	700	1	ほかの論文あり	226	277
$PdCrO_2$	NaCl	880	3.5		312	3 461
PdS_{1-x}	KI	880	1		487	116
$(R,Pb)MnO_3$	$PbO-PbF_2$	1 050	4	R = La, Nd, Pr ほかの論文	275	e163
$R_{2/3}TiO_{3-x}$	$KF-Na_2B_4O_7$	950	4	R = Nd, Sm, Gd	99	875
$R_2Ge_2O_7$	$PbO-PbF_2-MoO_3$	1 270		K_2O-KF の添加あり	43	336
R_2GeMoO_8	$PbO-PbF_2-MoO_3$	1 290			43	336
R_2MGa_{12}	Ga	1 150	5	R = Pr, Nd, Sm M = Ni, Cu	312	1 098
$R_2Si_2O_7$	$PbO-PbF_2-MoO_3$	1 270	14	R = 希土類	46	671
$R_2Sn_2O_7$	$Na_2B_4O_7-NaF$	1 000	2	R = 希土類	468	335
$R_2Ti_2O_7$	$KF-Na_2B_4O_7$	1 000	3	R = Dy, Er, Yb	99	875
$R_3Al_5O_{12}$	$PbO-PbF_2-B_2O_3$	1 285	8	Al = Ga あり	54	610
$RAl_3(BO_3)_4$	$K_2SO_4-MoO_3-B_2O_3$	1 140	5	ほかの論文あり R = Nd	89	295
$RAlO_3$	$PbO-PbF_2-B_2O_3$	1 295	5	MoO_3 の添加	29	281
RB_6	Al	1 500	1	R = La, Eu, Y, Ce, Ba, Cs	44	287
RBO_3	$PbO-PbF_2$	1 330	12	ほかの論文あり	54	610
$R-B-Si$	Cu-Si	1 650	5	$R-B-C$（N）の小結晶あり	271	159
$RGaO_3$	$PbO-PbF_2-MoO_3$	1 260	4	R = La, Pr, Nd B_2O_3 の添加	94	125
$RKMo_2O_8$	K_2O-MoO_3	1 270		R_2MoO_6, R_6MoO_{12} もあり	43	93
$RKMo_2O_8$	$PbO-MoO_3$	1 290			43	336
$R-Mg-Zn$	Mg-Zn	700	6	準結晶	225	155

付表 （つづき）

結　晶	フラックス	最高〔℃〕	mm	備　考	巻	頁
RMn_2Si_2	Pb	1 350	2.5	ほかの論文あり	244	267
RNi_2B_2C	Ni_2B	1 500		R = 希土類	225	155
RPO_4	$PbO-P_2O_5$	1 350	15	R = 希土類 ほかの論文あり	63	77
RRh_3B_2	Cu	1 350	3	R = Gd, Er, Tm	229	521
RT_2Ge_2	T-Ge	1 190		R = 希土類 T = Ni, Cu	225	155
RuX_2	Bi	1 000	5	X = S, Se, Te	83	517
RVO_4	$PbO-V_2O_5$	1 360	30	ほかの論文あり	79	534
Sc_2O_3	$PbO-PbF_2-V_2O_5$	1 330	2		104	672
$Sc_2(WO_4)_3$	$Bi_2O_3-WO_3$	1 200	4		143	362
Si	Na	900	3	蒸発法	355	109
Si_3N_4	Si	1 600			46	143
SnO	Cu_2O	1 320			233	259
$(Sr,Pb)(Cr,Ga)_{12}O_{19}$	$PbO-PbF_2-B_2O_3$	1 360	4		165	179
Sr_2NiWO_6	$SrCl_2$	1 100	1		421	39
Sr_3NiPtO_6	K_2CO_3	1 150		ほかの組成あり	204	122
Sr_4PtO_6	$SrCl_2$	1 150	4		64	395
$SrCu_2(BO_3)_2$	$Na_2B_4O_7$	900	7	ほかの論文あり	277	541
$SrGa_{12}O_{19}$	Bi_2O_3	1 350	15		61	284
$SrNdFeO_4$	Bi_2O_3		15	ほかの Sr-Nd-Fe-O あり	32	332
$SrRFeO_5$	PbO-SrO	1 550	2	Fe = Al もあり	47	739
$SrZrO_3$	KF-NaF-LiF	1 200	0.1		94	125
TaC	Ni	1 800	1.5	Ni-Co フラックスもあり	75	454
$Th_{0.5}Pb_{0.5}VO_4$	$PbO-V_2O_5$	1 300		ThO_2 も成長	71	289
$ThGeO_4$	$PbO-PbF_2-MoO_3$		10	K_2O-KF の添加あり	43	336
ThO_2	$PbO-PbF_2$	1 330	8	添加あり	66	346

付表　（つづき）

結　晶	フラックス	最高〔℃〕	mm	備　考	巻	頁
$TiAs_2$	Cs_3As_7	900	2	ほかの組成あり	217	250
TiB_2	Al	1 550	5	ほかの B-，C-化合物あり	33	207
$TmVO_4$	$LiVO_3$	1 150	7	巻：198-199	198	449
U_3Bi_4	Bi	1 080			172	459
$V(PO_3)_3$	H_3PO_4	450	9		63	209
WO_3	PbF_2	1 250	25	ほかのフラックスあり	88	143
$Y_2Cu_2O_5$	Cu_2O-CuO	1 350	3	棒状結晶ほかの論文あり	141	153
$Y_3Fe_5O_{12}$	PbO-B_2O_3	1 250	10	ほかの論文あり	28	231
$YAlO_3$	PbO-PbF_2	1 280	2	$Y_3Al_5O_{12}$ も成長	36	255
$Yb_{0.24}Sn_{0.76}Ru$	Pb	1 150	1		318	1 005
YB_2	Y	2 000	5		223	111
$YbRh_2Si_2$	Zn	1 150	20		304	114
YVO_4	V_2O_5	1 450	10	ほかの論文あり	148	193
$ZnCr_2O_4$	PbO-PbF_2-MoO_3	1 220	1		54	607
$ZnGa_2O_4$	PbO-B_2O_3	1 250	10	ほかの論文あり	171	131
ZnO	KOH-NaOH-LiOH	260	18		336	56
$ZnO:M$	KOH	600	10	M = Cr, Mn, Fe, Co	314	123
ZnS	$PbCl_2$	950	2	温度勾配ほかの論文あり	267	74
Zn_2SiO_4	Li_2MoO_4	1 300	30		114	373
$ZrMo_2O_8$	Li_2MoO_4	750	3		404	100
$ZrMO_4$	Na_2O-MoO_3	1 350	5	M = Si, Ge Zr = Hf もあり	116	151
ZrO_2-R_2O_3	KF-$Na_2B_4O_7$	950	3	HfO_2-R_2O_3 もあり	94	287
ZrO_2-Y_2O_3	KF-$Na_2B_4O_7$	910	1	蒸発法	75	630
$ZrSiO_4$	PbO-PbF_2-MoO_3		5		43	336
$ZrSiO_4$	Li_2WO_4-WO_3	1 300	2	他種の添加物あり	125	431
ZrW_2O_8	WO_3	1 280	4	蒸発法	343	115

引用・参考文献

2 章

1 ） R. C. Linares: J. Phys. Chem. Solids, **26**, p.1817（1965）

2 ） K. Tsushima: J. Appl. Phys., **37**, p.443（1966）

3 ） S. Oishi, K. Teshima, and H. Kondo: J. Am. Chem. Soc., **126**, p.4768（2004）

4 ） R. Liang, D. A. Bonn, and W. N. Hardy: Philos. Mag., **92**, p.2563（2012）

5 ） Y. Hidaka and M. Suzuki: Prog. Cryst. Growth Charact. Mater., **23**, p.179（1991）

6 ） N. Ghosh, S. Elizabeth, H. L. Bhat, U. K. Rößler, K. Nenkov, S. Rößler, K. Dörr, and K.-H. Müller: Phys. Rev., B,**70**, 184436（2004）

7 ） T. Yankova, D. Hüvonen, S. Mühlbauer, D. Schmidiger, E. Wulf, S. Zhao, A. Zheldev, T. Hong, V. O. Garlea, R. Custelcean, and G. Ehlers: Philos. Mag., **92**, p.2629（2012）

8 ） 東　正樹，高野幹夫：GPa 領域での遷移金属酸化物単結晶育成，日本物理学会誌，**57**，7，p.492（2002）

3 章

1 ） 原田準平：鉱物概論　第 2 版，岩波書店（1973）

2 ） 松原　聰 監修，野呂輝雄 編著：鉱物結晶図鑑，東海大学出版会（2013）

3 ） 森本信男，砂川一郎，都城秋穂：鉱物学，岩波書店（1975）

4 ） J. D. H. Donnay and D. Harker: Am. Min., **22**, p.446（1937）

5 ） P. Hartman and W. G. Perdok: Acta. Cryst., **8**, p.49, p.521, p.525（1955）

4 章

1 ） 砂川一郎：結晶―成長・形・完全性，共立出版（2003）

2 ） F. C. Frank: Disc. Faraday Soc., **5**, p.48（1949）

3 ） W. K. Burton, N. Cabrera, and F. C. Frank: Phil. Trans. Roy. Soc. A, **243**, p.299（1951）

4 ） 中田一郎：分子レベルで見る結晶成長，アグネ技術センター（1995）

5 ） C. T. Lin: Physica C, **337**, p.312（2000）

6） I. Nakada, R. Akaba, and T. Yanase: Jpn. J. Appl. Phys., **11**, p.1583（1972）

5 章

1） C. Karan and B. J. Skinner: J. Chem. Phys., **21**, p.2225（1953）; C. Karan: J. Chem. Phys., **22**, p.957（1954）

2） R. Morinaga, K. Matan, H. S. Suzuki, and T. J. Sato: Jpn. J. Appl. Phys., **48**, 013004（2009）

3） B. Jaffe, W. R. Cook, and H. Jaffe: Piezoelectric Ceramics, Academic Press（1971）

4） B. N. Sun, Y. Huang, and D. A. Payne: J. Cryst. Growth, **128**, p.867（1993）

5） A. Kania, A. Slodczyk, and Z. Ujma: J. Cryst. Growth, **289**, p.134（2006）

6） E. M. Levin, C. R. Robbins, and H. F. McMurdie: Phase Diagrams for Ceramists, p.70, The American Ceramic Society（1964）

7） J. W. Nielsen and R. R. Monchamp: in Phase Diagrams: Materials Science and Technology, **3**, ed. A. M. Alper, pp.2–52, Academic Press（1970）

8） A. N. Maljuk, A. B. Kulakov, and G. A. Emel'chenko: J. Cryst. Growth, **151**, p.102（1995）

9） C. Changkang: Prog. Cryst. Growth Charact. Mater., **24**, p.213（1992）

10） D. Rytz and H. J. Scheel: J. Cryst. Growth, **59**, p.468（1982）

11） A. L. Pranatis: J. Am. Ceram. Soc., **51**, p.182（1968）

12） E. M. Levin, C. R. Robbins, and H. F. McMurdie: Phase Diagrams for Ceramists, pp.39–40, The American Ceramic Society（1964）

13） S. J. Mugavero III, W. R. Gemmill, I. P. Roof, and H-C. zur Loye: J. Solid State Chem., **182**, p.1950（2009）

14） I. R. Fisher, M. C. Shapiro, and J. G. Analytis: Philos. Mag., **92**, p.2401（2012）

15） W. Tian, M. F. Chisholm, P. G. Khalifah, R. Jin, B. C. Sales, S. E. Nagler, and D. Mandrus: Mater. Res. Bull., **39**, p.1319（2004）

16） Y. Matsushita, H. Ueda, and Y. Ueda: Nature Mater., **4**, p.845（2005）

17） S. Das, X. Zong, A. Niazi, A. Ellern, J. Q. Yan, and D. C. Johnston: Phys. Rev. B, **76**, 054418（2007）

18） E. M. Levin, C. R. Robbins, and H. F. McMurdie: Phase Diagrams for Ceramists, The American Ceramic Society（1964）

19） M. Hansen: Constitution of Binary Alloys, McGraw-Hill（1958）

20） R. P. Elliot: Constitution of Binary Alloys, First Supplement, McGraw-Hill

(1965)

21） F. A. Shunk: Constitution of Binary Alloys, Second Supplement, McGraw-Hill (1969)

22） W. G. Moffatt: Handbook of Binary Phase Diagrams, General Electric (1981)

23） T. B. Massalski: Binary Alloy Phase Diagrams, 2nd ed., ASM International (1990)

24） H. Okamoto: Desk Handbook: Phase Diagrams for Binary Alloys, ASM International (2000)

25） 高須新一郎：結晶育成基礎技術　第2版，東京大学出版会 (1990)

26） R. S. Roth and T. A. Vanderah: in Solid State Ionics, The Science and Technology of Ions in Motion, ed. B. V. R. Chowdari et al., pp.3–18, World Scientific (2004)

27） R. E. Barks and D. M. Roy: in Crystal Growth, ed. H. S. Peiser, pp.497–504, Pergamon Press (1967)

28） 進藤　勇，小松　啓：融剤法による YAG 単結晶の育成，窯業協會誌，**85**，p.380 (1977)

29） 日本化学会 編：新実験化学講座2，基礎技術1，熱・圧力，p.97，丸善 (1977)

6 章

1 ） D. Elwell and H. J. Scheel: Crystal Growth from High-Temperature Solutions, Academic Press (1975)

2 ） 大石修治，楯　功，平野真一，中　重治：高温溶液法による酸化物単結晶の育成におけるフラックスの選択，日本化学会誌，**1984**，5，p.685 (1984)

3 ） B. Wanklyn: in Crystal Growth, ed. B. R. Pamplin, pp.217–288, Pergamon Press (1975)

4 ） M. Tachibana, J. Yamazaki, H. Kawaji, and T. Atake: Phys. Rev. B,**72**, 064434 (2005)

5 ） Y. Matsushita, H. Ueda, and Y. Ueda: Nat. Mater., **4**, p.845 (2005)

6 ） M. Vichr and H. Makram: J. Cryst. Growth, **5**, p.77 (1969)

7 ） T. Sekiya: Mater. Res. Bull., **16**, p.841 (1981)

8 ） W. Kunnmann, A. Ferretti, R. J. Arnott, and D. B. Rogers: J. Phys. Chem. Solids, **26**, p.311 (1965)

9 ） J. P. Remeika: J. Am. Chem. Soc., **76**, p.940 (1954)

10）　J. N. Millican, R. T. Macaluso, S. Nakatsuji, Y. Machida, Y. Maeno, and J. Y. Chan: Mater. Res. Bull., **42**, p.928（2007）

11）　D. Rytz and H. J. Scheel: J. Cryst. Growth, **59**, p.468（1982）

12）　D. E. Bugaris and H.-C. zur Loye: Angew. Chem. Int. Ed., **51**, p.3780（2012）

13）　R. J. Bouchard and J. L. Gillson: Mater. Res. Bull., **7**, p.873（1972）

14）　C. G. F. Blum, A. Holcombe, M. Gellesch, M. I. Sturza, S. Rodan, R. Morrow, A. Maljuk, P. Woodward, P. Morris, A. U. B. Wolter, B. Büchner, and S. Wurmehl: J. Cryst. Growth, **421**, p.39（2015）

15）　I. R. Fisher, M. C. Shapiro, and J. G. Analytis: Philos. Mag., **92**, p.2401（2012）

16）　S. J. Mugavero III, W. R. Gemmill, I. P. Roof, and H-C. zur Loye: J. Solid State Chem., **182**, p.1950（2009）

17）　B. M. Wankly: J. Cryst. Growth, **37**, p.334（1977）; **43**, p.336（1978）; **65**, p.533（1983）

18）　横川敏雄：高温融体の化学，アグネ技術センター（1999）

19）　Z. Fisk and J. P. Remeika: in Handbook on the Physics and Chemistry of Rare Earths, **12**, eds. K. A. Gschneider, Jr. and L. Eyring, pp.53–70, Elsevier（1989）

20）　P. C. Canfield and Z. Fisk: Philos. Mag. B,**65**, p.1117（1992）

21）　S. Shimada, J. Watanabe, and K. Kodaira: J. Mater. Sci., **24**, p.2513（1989）

22）　X. Yao and J. M. Honig: Mater. Res. Bull., **29**, p.709（1994）

23）　J. G. Flemming: J. Cryst. Growth, **92**, p.287（1988）

24）　松田達磨：固体物理，**42**, 2, p.95（2007）

25）　P. C. Canfield and I. R. Fisher: J. Cryst. Growth, **225**, p.155（2001）

26）　D. P. Chen and C. T. Lin: Supercond. Sci. Technol., **27**, 103002（2014）

7章

1）　日本化学会 編：第4版　実験化学講座2，基本操作Ⅱ，丸善（1990）

2）　日本化学会 編：第5版　実験化学講座1，基礎編Ⅰ，実験・情報の基礎，丸善（2003）

3）　小間　篤 編：丸善実験物理学講座1，基礎技術1，試料作製技術，p.52，丸善（1999）

4）　P. C. Canfield: in Properties and Applications of Complex Intermetallics, ed. E. Belin-Ferré, pp.93–111, World Scientific（2010）

5）　日本化学会 編：第5版　実験化学講座23，無機化合物，丸善（2005）

6）　G. Petzow 著，内田裕久，内田晴久 訳：組織学とエッチングマニュアル，日

刊工業新聞社（1997）

7） J. Akimoto and H. Takei: J. Solid State Chem., **85**, p.31（1990）

8） K. Kihou, T. Saito, S. Ishida, M. Nakajima, Y. Tomioka, H. Fukazawa, Y. Kohori, T. Ito, S. Uchida, A. Iyo, C.-H. Lee, and H. Eisaki: J. Phys. Soc. Jpn., **79**, 124713（2010）

9） B. J. Beaudry and K. A. Gschneidner, Jr.: in Handbook on the Physics and Chemistry of Rare Earths, **1**, eds. K. A. Gschneidner, Jr. and L. Eyring, pp.173–232, Elsevier（1978）

8 章

1） D. Elwell and H. J. Scheel: Crystal Growth from High-Temperature Solutions, Academic Press（1975）

2） B. Wanklyn: in Crystal Growth, ed. B. R. Pamplin, pp.217–288, Pergamon（1975）

3） Z. Fisk and J. P. Remeika: in Handbook on the Physics and Chemistry of Rare Earths, **12**, eds. K. A. Gschneider, Jr. and L. Eyring, pp.53–70, Elsevier（1989）

4） P. C. Canfield and Z. Fisk: Philos. Mag. B, **65**, p.1117（1992）

5） P. C. Canfield and I. R. Fisher: J. Cryst. Growth, **225**, p.155（2001）

6） P. C. Canfield: in Properties and Applications of Complex Intermetallics, ed. E. Belin-Ferré, pp.93–111, World Scientific（2010）

7） C. Petrovic, P. C. Canfield, and J. Y. Mellen: Philos. Mag., **92**, p.2448（2012）

8） P. C. Canfield, T. Kong, U. S. Kaluarachchi, and N. H. Jo: Philos. Mag., **96**, p.84（2016）

9） A. Jesche and P. C. Canfield: Philos. Mag., **94**, p.2372（2014）

10） 日本結晶学会 編：結晶解析ハンドブック，共立出版（1999）

11） 伊藤糾次，犬塚直夫：結晶の評価，電気・電子工学大系 72，コロナ社（1982）

12） T. G. Perring, G. Aeppli, S. M. Hayden, S. A. Carter, J. P. Remeika, and S-W Cheong: Phys. Rev. Lett., **77**, p.711（1996）

13） https://materials.soe.ucsc.edu/home（2020 年 4 月現在）

付録

1） N. Ni, M. E. Tillman, J.-Q. Yan, A. Kracher, S. T. Hannahs, S. L. Bud'ko, and P. C. Canfield: Phys. Rev. B,**78**, 214515（2008）

2） G. H. Larson and A. W. Sleight: Phys. Lett., **28A**, p.203（1968）

3） E. I. Speranskaya: Inorg. Mater.（USSR）, **3**, p.1271（1967）

4） B. M. Wanklyn and A. Maqsood: J. Mater. Sci., **14**, p.1975（1979）

5） M. Safa, B. K. Tanner, B. J. Garrard, and B. M. Wanklyn: J. Cryst. Growth, **39**, p.243（1977）

6） A. A. Ballman, H. Brown, D. H. Olson, and C. E. Rice: J. Cryst. Growth, **75**, p.390（1986）

7） N. Ghosh, S. Elizabeth, H. L. Bhat, U. K. Rößler, K. Nenkov, S. Rößler, K. Dörr, and K.-H. Müller: Phys. Rev. B,**70**, 184436（2004）

8） T. Tanaka and H. Takei: J. Cryst. Growth, **180**, p.206（1997）

9） L. Zhang, M. Dong, and Z.-G. Ye: Mater. Sci. Eng. B,**78**, p.96（2000）

10） V. N. Gurin, M. M. Korsukova, S. P. Nikanorov, I. A. Smirnov, N. N. Stepanov, and S. G. Shul'man: J. Less-Common Metals, **67**, p.115（1979）

11） B. M. Wanklyn: J. Mater. Sci., **7**, p.813（1972）

12） H. Sasaki and A. Watanabe: J. Phys. Soc. Jpn., **19**, p.1748（1964）

参考書

1） D. Elwell and H. J. Scheel: Crystal Growth from High-Temperature Solutions, Academic Press（1975）

2） 大石修治, 宗戸統悦, 手嶋勝弥：フラックス結晶成長のはなし, 日刊工業新聞社（2010）

3） 砂川一郎：結晶—成長・形・完全性, 共立出版（2003）

4） 黒田登志雄：結晶は生きている—その成長と形の変化のしくみ, サイエンス社（1984）

5） 高須新一郎：結晶育成基礎技術　第2版, 東京大学出版会（1990）

6） 小間　篤 編：丸善実験物理学講座1, 基礎技術1, 試料作製技術, 丸善（1999）

7） 小間　篤 編：丸善実験物理学講座4, 試料作製技術, 丸善（2000）

8） 中村輝太郎, 中田一郎 編：実験物理学講座13, 試料の作成と加工, 共立出版（1981）

9） 日本金属学会 編：金属物性基礎講座17, 結晶成長, 丸善（1975）

10） 日本結晶成長学会「結晶成長ハンドブック」編集委員会 編：結晶成長ハンドブック, 共立出版（1995）

11） 結晶工学ハンドブック編集委員会 編：結晶工学ハンドブック, 共立出版（1971）

索　　引

索　　　　　　　引　　161

Let

— 著者略歴 —

- 2001年　慶應義塾大学理工学部化学科卒業
- 2005年　東京工業大学大学院総合理工学研究科博士後期課程修了
　　　　　博士（理学）
- 2006年　独立行政法人 物質・材料研究機構研究員
- 2009年　独立行政法人 物質・材料研究機構主任研究員
- 2015年　国立研究開発法人 物質・材料研究機構主任研究員
　　　　　現在に至る

フラックス結晶育成法入門
Introduction to Flux Crystal Growth

© 国立研究開発法人 物質・材料研究機構 2020

© 国立研究開発法人 物質・材料研究機構 2020

2020年 7 月 17 日　初版第 1 刷発行　　　　　　　　　　★

検印省略

著　者	橘 　　　　　　　信 （たちばな　まこと）
発行者	株式会社　コロナ社
代表者	牛来真也
印刷所	壮光舎印刷株式会社
製本所	株式会社　グリーン

112-0011　東京都文京区千石 4-46-10
発行所　株式会社 コロナ社
CORONA PUBLISHING CO., LTD.
Tokyo Japan
振替00140-8-14844・電話(03)3941-3131(代)
ホームページ　https://www.coronasha.co.jp

ISBN 978-4-339-06651-7　C3043　Printed in Japan　　　　　　（三上）

JCOPY　<出版者著作権管理機構 委託出版物>
本書の無断複製は著作権法上での例外を除き禁じられています。複製される場合は、そのつど事前に、出版者著作権管理機構（電話 03-5244-5088, FAX 03-5244-5089, e-mail: info@jcopy.or.jp）の許諾を得てください。

本書のコピー, スキャン, デジタル化等の無断複製・転載は著作権法上での例外を除き禁じられています。
購入者以外の第三者による本書の電子データ化及び電子書籍化は、いかなる場合も認めていません。
落丁・乱丁はお取替えいたします。

技術英語・学術論文書き方関連書籍

シミュレーション辞典

日本シミュレーション学会 編
A5判／452頁／本体9,000円／上製・箱入り

◆**編集委員長** 大石進一（早稲田大学）
◆**分野主査** 山崎 憲（日本大学）,寒川 光（芝浦工業大学）,萩原一郎（東京工業大学）,
　　　　　　矢部邦明（東京電力株式会社）,小野 治（明治大学）,古田一雄（東京大学）,
　　　　　　小山田耕二（京都大学）,佐藤拓朗（早稲田大学）
◆**分野幹事** 奥田洋司（東京大学）,宮本良之（産業技術総合研究所）,
　　　　　　小俣 透（東京工業大学）,勝野 徹（富士電機株式会社）,
　　　　　　岡田英史（慶應義塾大学）,和泉 潔（東京大学）,岡本孝司（東京大学）

（編集委員会発足当時）

> シミュレーションの内容を共通基礎, 電気・電子, 機械, 環境・エネルギー, 生命・医療・福祉, 人間・社会, 可視化, 通信ネットワークの8つに区分し, シミュレーションの学理と技術に関する広範囲の内容について, 1ページを1項目として約380項目をまとめた。

Ⅰ 　**共通基礎**（数学基礎／数値解析／物理基礎／計測・制御／計算機システム）
Ⅱ 　**電気・電子**（音 響／材 料／ナノテクノロジー／電磁界解析／VLSI設計）
Ⅲ 　**機　械**（材料力学・機械材料・材料加工／流体力学・熱工学／機械力学・計測制御・
　　　　　生産システム／機素潤滑・ロボティクス・メカトロニクス／計算力学・設計
　　　　　工学・感性工学・最適化／宇宙工学・交通物流）
Ⅳ 　**環境・エネルギー**（地域・地球環境／防 災／エネルギー／都市計画）
Ⅴ 　**生命・医療・福祉**（生命システム／生命情報／生体材料／医 療／福祉機械）
Ⅵ 　**人間・社会**（認知・行動／社会システム／経済・金融／経営・生産／リスク・信頼性
　　　　　／学習・教育／共 通）
Ⅶ 　**可視化**（情報可視化／ビジュアルデータマイニング／ボリューム可視化／バーチャル
　　　　　リアリティ／シミュレーションベース可視化／シミュレーション検証のため
　　　　　の可視化）
Ⅷ 　**通信ネットワーク**（ネットワーク／無線ネットワーク／通信方式）

本書の特徴

1. シミュレータのブラックボックス化に対処できるように, 何をどのような原理でシミュレートしているかがわかることを目指している。そのために, 数学と物理の基礎にまで立ち返って解説している。

2. 各中項目は, その項目の基礎的事項をまとめており, 1ページという簡潔さでその項目の標準的な内容を提供している。

3. 各分野の導入解説として「分野・部門の手引き」を供し, ハンドブックとしての使用にも耐えうること, すなわち, その導入解説に記される項目をピックアップして読むことで, その分野の体系的な知識が身につくように配慮している。

4. 広範なシミュレーション分野を総合的に俯瞰することに注力している。広範な分野を総合的に俯瞰することによって, 予想もしなかった分野へ読者を招待することも意図している。

定価は本体価格+税です。
定価は変更されることがありますのでご了承下さい。

‖‖‖‖‖‖‖‖‖‖‖‖‖‖‖‖‖‖‖‖ 図書目録進呈◆

エコトピア科学シリーズ

■名古屋大学未来材料・システム研究所 編（各巻A5判）

シリーズ　21世紀のエネルギー

■日本エネルギー学会編　　　　（各巻A5判）

以 下 続 刊

定価は本体価格＋税です。
定価は変更されることがありますのでご了承下さい。

|||||||||||||||||||| 図書目録進呈◆

カーボンナノチューブ・グラフェンハンドブック

フラーレン・ナノチューブ・グラフェン学会 編
B5判／368頁／本体10,000円／箱入り上製本

監　修：飯島　澄男，遠藤　守信
委 員 長：齋藤　弥八
委　員：榎　　敏明，斎藤　　晋，齋藤理一郎，
（五十音順）　篠原　久典，中嶋　直敏，水谷　　孝
(編集委員会発足時)

本ハンドブックでは，カーボンナノチューブの基本的事項を解説しながら，エレクトロニクスへの応用，近赤外発光と吸収によるナノチューブの評価と光通信への応用の可能性を概観。最近嘱目のグラフェンやナノリスクについても触れた。

【目　次】

定価は本体価格＋税です。
定価は変更されることがありますのでご了承下さい。

図書目録進呈◆